JN206631

マンドリルのオス（左）とメス（右）
オスのほうが体が大きく、顔が色鮮やか（→40ページ）
(c) Nature Picture Library/Nature Production /amanaimages

タマシギのオス（奥）とメス（手前）
メスのほうが目立つ羽色（→52ページ）
(c) yamagata norio/Nature Production /amanaimages

アカハライモリのオス（上）とメス（下）
オスは繁殖期になると、尾などに、青っぽい婚姻色が出る（→68ページ）

オイカワのメス（左）とオス（右）
オスは繁殖期になると、派手な色（婚姻色）になり、顔に追星と呼ばれる突起ができる
（→82ページ）

クロアゲハのオス（上　土の中の水分を吸っている）とメス（下　ヤマツツジの花を訪れた）
翅のスジ模様がハッキリしているのがメス（→104ページ）

身近な生き物

オス・メス「見分け方」事典

監修　今泉忠明

執筆　木村悦子

は　じ　め　に

人間にはなんで男性と女性がいるのでしょうか。

当たり前すぎて考えたこともないかもしれませんが、

そういえば、動物にもオスとメスがいますね。

植物にも雄花と雌花、雄しべと雌しべといった

ペアシステムがあります。

違うからこそ、オスとメスは惹かれ合い、

ペアとなり子孫を残します。

命の営みは人知をはるかに超えた

神秘の領域で、まだわからないことも多いのですが、

オスとメスの不思議な世界、ちょっとのぞいてみませんか？

身近な生き物 オス・メス「見分け方」事典　もくじ

●本書の読み方

本書は、身近な動物のオスとメスの違いを、見た目や行動などから紹介する本です。
環境や個体差もあるので、紹介するとおりに見分けられないこともあるかもしれませんが、
動物園や水族館などで実際の動物を目にするときに試してみてください。
楽しい動物観察を！

ネコ（イエネコ）

Cat (Housecat)

顔つき、毛色で
見分けてみよう

　未去勢のオスには睾丸（タマタマ）があるので、見えれば一発！　多くの哺乳類と同じで、オスのほうが体が大きくがっしりめ。顔は、オスは頬の皮が厚く横に張り、顔が横長で、メスは輪郭や顔のパーツがきゃしゃ。ヒゲの根元の膨らみもオスのほうがふっくらしています。

　性別を決める遺伝子と毛色を決める遺伝子が密接な関係のため、毛色で性別がわかる場合も。「三毛猫とサビ柄はほぼメス」説は高確率、「茶トラはオス」説は半分以上の確率で当たります。

　子ネコのころに避妊・去勢手術をすると、性ホルモンの影響を受けにくく、オスとメスの見分けがつきにくくなります。

使える小ネタ　三毛猫を見たら「メスですね」茶トラを見たら「きっとオスですね」というと当たるはずです。

26

豆知識
人に話したくなるトリビア満載

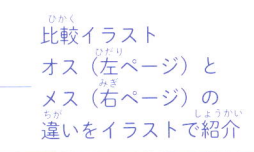

サイズデータ

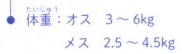

● 体重：オス　3～6kg
　　　　メス　2.5～4.5kg

哺乳類

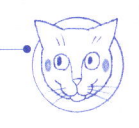

男って
バカね…

尿スプレーは、
オスだけかな？

よく知られた習性が、尿スプレー（マーキング）、爪とぎ、フレーメン反応（性フェロモンを嗅ぎ取るために口がゆるみ半開きになる反応）。どちらもオスがメスにアピールをするためというイメージがありますが、メスにも見られます。

爪とぎはオスもメスも好んでやりますが、ライオンなどのネコ科の動物のオスは高いところに爪跡をつけてアピールすることがある通り、オスのほうがややダイナミックかも。

性格では、出産・育児を行なうメスは、精神的に成熟する必要があるためか、メスよりオスのほうが甘えん坊傾向。もちろん、生育環境によって決まる部分も大きくあります。

使える小ネタ　「顔がかわいいからメスですよね？」といえば、当たっても外れても喜ばれるでしょう。

27

解説　これを読めばオスとメスの違いはバッチリ!?

世の中にオスとメスが いるのはなぜ？

　生き物が子孫を残し、種として続いていくためには、新しい個体を作り出す働き＝生殖が必要です。

　アメーバのようにひとつの個体で生殖できる生き物もいますが、体が単純で、バラエティが少なく、環境の変化に弱いなどのために進化していません。

　オスとメスという2つの個体が出会い、次世代の個体を産み出すほうが多様となり、環境が変わっても種として生き抜く力が強いのです。

　人間の世界には男と女がいて（これらに分類されない性別もあります）、基本的には、ほぼすべての生き物はオスとメスに分かれます。

　そして、子どもや卵を産むのはメスで、メスに精子を渡して受精させる役目をもつのがオスです。

　植物も、ひとつの株や花の中に雄花と雌花、または雄しべと雌しべがあり、これもオスとメスの区別となります。花を咲かせないコケやシダなども、卵細胞を作る器官と精子を作る器官をもっています。

　オスとメスが出会って2個体で生殖することには、さまざまなメリットがあります。1個体で生殖するよりも、遺伝子の多様な組み合わせができ、多様な形質（形や性質）をもつ個体ができるのです。

　1個体で増えていくと、誕生するのは親のコピーだけとなります。そのため、遺伝子の変化が起きず、環境が変わると適応できずに全滅するリスクがあるのです。

　オスとメスは体の作りが違っているのも興味深いことです。種類によって異なりますが、オスは精子を作りメスに渡すための器官（生殖器）をもち、メスは子どもを育てて産むための生殖器をもちます。また、オスとメスが一見よく似た外見のものもいますが、性ホルモン（生殖器の発育などに影響を与える）の影響により、体格や毛並みなどが変わります。

　深く考えたことはないかもしれませんが、知れば知るほど奥深く、神秘的な「性」。一緒に探っていきましょう！

２匹で交尾？
１匹でも増える？

生き物が新しい個体を産み出す働き＝生殖には、２個体で行なう「有性生殖」と、１個体で行なう「無性生殖」があります。ヒトやイヌ、ネコなどの哺乳類や、動物園や水族館の生き物、魚、昆虫など、多くの生き物が、オスとメスの２個体で有性生殖を行ないます。

有性生殖のメリットは、オスとメスとで遺伝子を組み合わせることで、多様な形質をもつ子孫を作れることです。その結果、両親の遺伝子を受け継いで、さまざまな形質をもつ個体が生まれます。すると、環境が変化しても一部の個体は生き残り、全滅を免れる可能性が上がります。

　その代わり、生殖の相手と出会えないと子孫を残せないリスクがあります。適切な異性と出会うため、相手を探すためのコストもかかります。

　その点、無性生殖だと、1個体で次世代の個体を残せるので、一見、効率がよさそうです。生殖の相手を探す手間もありません。ですが、新しく産まれる次世代の子孫は親のコピーでしかなく、形質や遺伝的な欠点はすべて同じとなります。そのため、環境の変化があると全滅する可能性があるのです。

　それから、これらとはまた違い、メスだけで卵や子どもを産み出せる「単為生殖」という生殖の仕方もあります。

オスが派手で目立つと
メスに選ばれる可能性が高い

　多くの生き物において、産卵や妊娠、出産をするのはメスの役目です。メスがオスから精子を受け取り、子宮内で胎児を育て、出産する哺乳類などは、明らかにメスのほうが負担・労力が大きくなります。

　卵で産まれる動物も、オスは精子を作ってメスに渡すだけですが、メスは精子の何倍も大きな卵子を作る必要があります。

　メスは、妊娠・出産というコストを負うので、繁殖に対して慎重なメスが生き残ってきました。そのようなメスは、「このオスの子なら育てて産んでもよい」という選択を行ないます。

　つまり、多くの生き物では「メスがオスを選別する」というかたちでパートナー選びが行なわれるのです。

　では、オスはどのようにしてメスに選ばれるのか？　答えのひとつが、「目立つ」こと。美しく鮮やかな見た目のものは、メスの目にとまりますが、天敵にもねらわれます。天敵から生き延びた、美しく鮮やかなオスは健康で元気なしるしです。「自分は遺伝子的に優れている」とメスにアピールしていることになるのです。

■ 派手な羽毛でアピール（鳥）

多くの鳥は、オスのほうが派手な羽毛をもちます。見た目がよいのは「遺伝子的に優れていること」のほか、「派手で目立つのに敵に襲われずに生き残っている」というメッセージにもなります。

■ 鮮やかな体色でアピール（魚など）

魚や両生類では、繁殖期にオスが鮮やかな「婚姻色」になるものがいます。

■ 体毛の濃さでアピール（ライオンなど）

ライオンは縄張りやメスの所有をめぐって、オス同士で戦います。たてがみは性ホルモンと関係があるとされ、色や密度が濃いほど防御力が強く、メスにもモテるといわれています。

オスとメスの決まり方とさまざまな生殖方法まとめチャート

生き物の世界は、性別の決まり方や生殖様式はバラエティー豊富。ここに挙げる以外にもさまざまなものがありますが、ここで一度、表にまとめてみましょう。

性別は、人間を含め哺乳類や鳥類は、性染色体の構成の違いによりオスとメスが決まります。発生中の温度などの環境によってオスとメスが決定するもの（爬虫類の一部など）、生まれたときはすべてオスで、一部がメスに変化するものと、その逆パターンのもの（魚の一部など）などもあります。

オスとメスに区別されるものはこの2個体で生殖を行ないますが、メスだけで子孫を残せるものもいます。さらに、メスだけで生殖しつつ、オスとも交尾して子孫を残すパターンもあり、多種多様なのです。

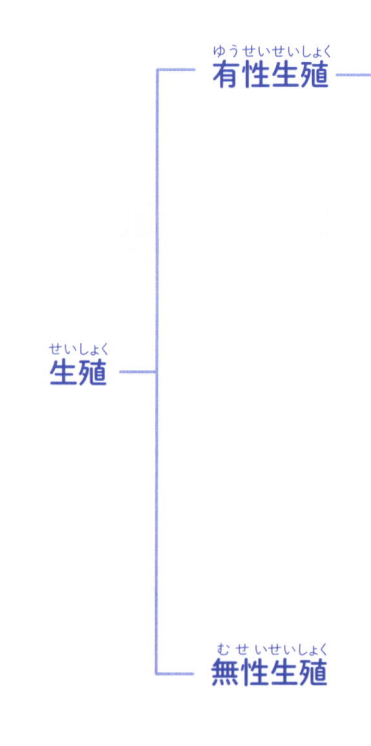

有性生殖

生殖

無性生殖

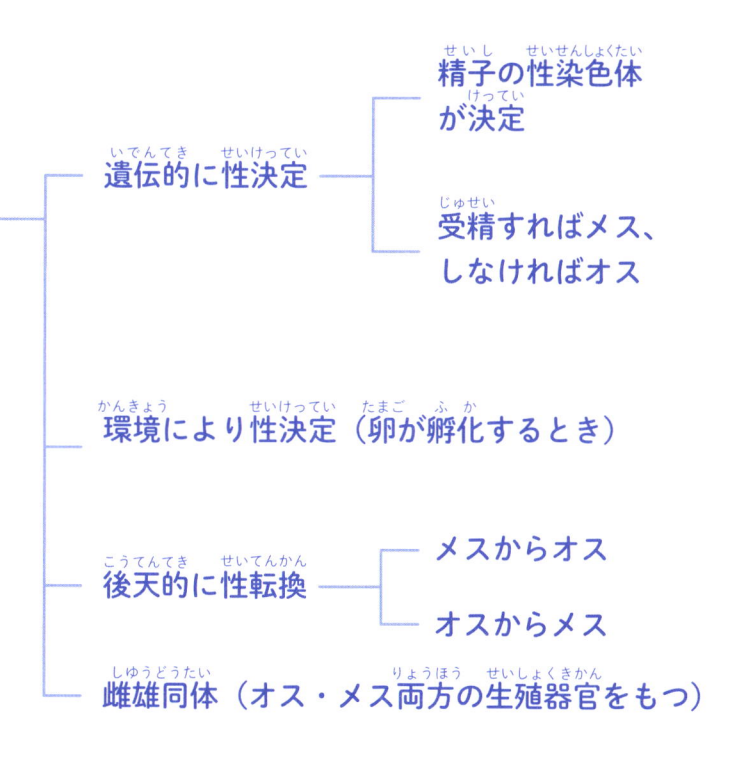

精子の性染色体が決定

受精すればメス、しなければオス

遺伝的に性決定

環境により性決定（卵が孵化するとき）

メスからオス

オスからメス

後天的に性転換

雌雄同体（オス・メス両方の生殖器官をもつ）

※これ以外にもあります。

「ほとんど同じ」から「まったく違う」までオスとメスの違いは多種多様

［ほとんど同じ］

哺乳類や鳥類など、種類を問わず、オスとメスの見分けがほぼつかない種類がいます。ただし、筋肉のつき方や体格の大小などを細かく見比べるとわかることもあります。それでも、まったく見分けがつかない場合、死後に解剖して精巣や卵巣を確認するまで判別できないこともあります。ペットの場合は、動物病院で血液検査などをするとわかります。

［オスのほうが派手］

　鳥は、オスのほうが派手で目立つ見た目のものが多く見られます。鮮やかな羽毛、長い尾羽などがその例です。普段はオスもメスもだいたい同じ外見ながら、繁殖期だけ鮮やかな色になる魚や両生類などもいます。

［メスのほうが派手］

　タマシギという鳥は、オスが育児をすることで知られています。メスは鮮やかな羽毛をもち、メスからオスに求愛をしてペアになります。メスは交尾して卵を産んだら、また新たなオスを求めて去っていきます。

　生き物において、オスとメスとで形質や行動などが異なることを「性的二型（形）」といいます。見た目の違いだけでなく、異性にアピールするための求愛行動なども含みます。

笑って読んでタメになる
オスとメスの小話集

■ メスがペニスをもつ昆虫

トリカヘチャタテという昆虫は、メスがオスにアプローチをし、オスに選ばれる方式。さらに、メスがペニスのような器官をもち、オスの精子を吸い上げるという変わった交尾をします。

■ なかなか着床しないアナグマ

アナグマはクマ科ではなく、イタチ科の生き物。オスとメスが交尾して受精しても、受精卵はすぐには着床（受精卵が細胞分裂をくり返し、それが子宮の壁にくっつくこと）せず、しばらく子宮内を漂ってから4か月ほどで着床し、冬に入り条件が整うとわずか2か月後には赤ちゃんとなって産み出されます。

■ 雌雄同体なのに
他者を求めるミミズ

ミミズは雌雄同体ですが1個体では生殖できず、ほかの個体と交尾しないと子孫を残せません。

■雌雄同体なのに
自家受精しない仕組み

カタツムリは雌雄同体。精子は暖かい季節だけ形成され、卵子はもっと後の限られた時期にだけ形成されます。これは、1個体だけで受精（自家受精）してしまわないためのメカニズムで、交尾期に別の個体と交尾して生殖するのです。

■ブチハイエナは
メスにペニスがある？

ハイエナの仲間「ブチハイエナ」のメスには疑似ペニスがあります。もちろんオスには本物がついています。交尾のとき、メスは疑似ペニスを引っ込めて一時的な膣を作り、オスを受け入れます。出産時、疑似ペニスは産道となるため、相当の難産となり、深い傷ができることも。

■交尾後に栓をする？

ムササビやハムスターは交尾が終わると、メスの膣はオスとメスの分泌物が混じって固まり、「栓」のようなものができます。これによりメスは別のオスと交尾ができなくなる、という説もありますが、じつは精液が流れ出るのを防ぐのが目的とか。

哺乳類

ネコ（イエネコ）

Cat（Housecat）

顔つき、毛色で見分けてみよう

　未去勢のオスには睾丸（タマタマ）があるので、見えれば一発！　多くの哺乳類と同じで、オスのほうが体が大きくがっしりめ。顔は、オスは頬の皮が厚く横に張り、顔が横長で、メスは輪郭や顔のパーツがきゃしゃ。ヒゲの根元の膨らみもオスのほうがふっくらしています。

　性別を決める遺伝子と毛色を決める遺伝子が密接な関係のため、毛色で性別がわかる場合も。「三毛猫とサビ柄はほぼメス」説は高確率、「茶トラはオス」説は半分以上の確率で当たります。

　子ネコのころに避妊・去勢手術をすると、性ホルモンの影響を受けにくく、オスとメスの見分けがつきにくくなります。

 使える小ネタ　三毛猫を見たら「メスですね」、茶トラを見たら「きっとオスですね」というとたいてい当たるはずです。

体重：オス　3 〜 6kg
　　　メス　2.5 〜 4.5kg

男ってバカね…

尿スプレーは、オスだけかな？

　ネコのよく知られた習性が、尿スプレー（マーキング：尿をかけて縄張りを示すこと）、爪とぎ、フレーメン反応（性フェロモンを嗅ぎ取るために口がゆるみ、半開きになる反応）。どちらもオスがメスにアピールするためというイメージがありますが、メスにも見られます。

　爪とぎはオスもメスも好んでやりますが、ライオンなどのネコ科の動物のオスは高いところに爪跡をつけてアピールすることがあるように、オスのほうがややダイナミックかも。

　性格は、出産・育児を行なうメスは、精神的に成熟する必要があるためか、メスよりオスのほうが甘えん坊傾向。もちろん、生育環境によって決まる部分も大きくあります。

使える小ネタ 「顔がかわいいからメスですよね？」といえば、当たっても外れても喜ばれるでしょう。

イヌ

Dog
（Domestic dog）

タマタマは
あるかな？

　オスにはタマタマがありますが、子犬（こいぬ）のころは未発達（みはったつ）です。生後半年（せいごはんとし）ぐらいから違（ちが）いがはっきりしてきます。それから、オスにはおしっこが出る陰茎（いんけい）もあります。

　メスの陰部（いんぶ）は、去勢済（きょせいず）みオスと間違（まちが）いそうですが、肛門（こうもん）の下（した）に膣口（ちつこう）（尿道口（にょうどうこう）も中（なか）にある）があり、穴（あな）が２つ見（み）えます。体内（たいない）には子犬（こいぬ）を育（そだ）てる子宮（しきゅう）があり、個体差（こたいさ）はありますが、生後半年（せいごはんとし）ぐらいから発情（はつじょう）を迎（むか）え、生理（せいり）のような現象（げんしょう）（ヒート）がはじまります。陰部（いんぶ）が腫（は）れ、出血（しゅっけつ）する子（こ）もいます。

　顔（かお）や体（からだ）つきなどの外見（がいけん）からは、オス、メスの見分（みわ）けはつきにくいのですが、オスのほうがひと回（まわ）り大（おお）きく、筋肉質（きんにくしつ）であることがほとんどです。

 使（つか）える小ネタ　乳首（ちくび）はオスにもメスにもあります。オスの乳首（ちくび）の出番（でばん）はありません！

体重：オス 8 ～ 11kg

　　　メス 7 ～ 9kg

　　　（柴犬）

行動でオスと メスを見分けよう

　おしっこをする姿勢でも見分けられます。ふつう、片足を上げておしっこするのはオス、しゃがむのはメスです。

　性的に成熟したオスには縄張り意識が芽生えます。散歩中、縄張りの主張やメスへのアピールのため、自分のおしっこのにおいをつけて回るようになります（マーキング）。「この地域にどんな犬がいる？」というリサーチの意味もあります。マーキングは発情したメスなどもしますが、オスのほうが熱心です。

　また、オスは何かにしがみついて腰を動かす「マウンティング」も熱心に行ないます。

 使える小ネタ タマタマがなかったら、お尻あたりの穴が 1 個ならオス、2 個ならメス。

ハムスター

Hamster

肛門と生殖器の距離が違う！

　顔つきや体色などでは見分けがつきにくいのですが、オスよりメスのほうが体が大きくなる傾向があります。

　体を裏返して、おなか側を見ればオスメス判定は 100 パーセント OK。肛門と生殖器の距離を見て、遠いのがオス、近いのがメスとなります。繁殖期を迎えたオスは、この肛門と生殖器の間にある睾丸が大きく膨らみ、後ろから見ると、ぷっくりと腫れたようにも見えます。メスは生殖器の周りの毛が多め。

　それから乳首。メスのほうが乳首が目立ちます。出産後の授乳に備えています。

 背中をそっとなでてしっぽが立つのはメス（交尾と勘違い）。

体長：オス 16 〜 18cm

メス 18 〜 20cm

（ゴールデンハムスター）

性格や行動に
オスメス差あり

　性格は、オスは縄張り意識が強く、メスは総じておだやかですが、個体差があります。メスは妊娠中は神経質になります。

　性的に成熟したハムスターは、臭腺から分泌液が出はじめます。これをさまざまなところにこすりつけて、縄張りを主張します。ネコやイヌなどにも見られる「マーキング」で、メスもやりますが、オスのほうが熱心に行なう傾向。

　オスとメスをお見合いさせるとき、メスがお尻を突き出してそのまま止まったらカップル成立です。

 使える小ネタ　オスは成長すると乳首がほとんどなくなります。メスは乳首が12〜17個あります。

タヌキ

Raccoon dog

メスのほうが大きい傾向

　オスとメスとで見た目はほとんど変わりませんが、オスよりもメスのほうが体がひと回り大きいといわれています。メスのほうが毛が太く、毛量も多い傾向があるため、全体として大きく見えるからでしょう。

　顔つきは、オスとメスを明確に見分けられるほどの差はありませんが、メスはやや丸みを帯びた顔をしていることが多いようです。毛色や柄などもほとんど同じですが、季節や地域などにより毛色の濃さの違いがあり、南にいくにつれて濃くなるなどといわれています。

使える小ネタ　タヌキは基本的に一夫一妻制。オスは哺乳類界屈指のイクメンとして知られています。

体重：4〜8kg

パーフェクトな
イクメン！

　行動を比べると、野良猫などと同様に、オスのほうがマーキングを熱心に行ないます。

　毎年春には発情期（交尾ができる体の状態となり、交尾を求める行動が見られる）を迎え、この時期はオスがメスを呼ぶためにやわらかい声を出してアピールします。交尾はオスとメスがお尻をくっつけ合い、頭が反対方向を向くスタイルが特徴。

　育児においては、オスは授乳以外をすべてやる超イクメン。妊娠中からメスに寄り添い、生まれた子どもをかいがいしく世話をしたり、一緒に遊んだりなど、とにかくマメなのです。

使える小ネタ　「たんたんたぬきの〜♪」と歌われたりと、注目を浴びるタヌキの睾丸ですが、じつは数cm程度。

ゾウ（アジアゾウ）

Elephant
(Asian Elephant)

大きな群れにいるのは ほとんどメス

　自然界では、メスのゾウが群れのリーダーを務めます。おばあさんやひいおばあさんなど、年配のメスが、姉妹や娘、従姉妹、それらの子などを率いているのです。リーダーは群れの安全確保をはかりつつ、食べ物のありかを求めて移動するなどして、食事の世話なども担当します。

　群れで生まれたゾウは、オスもメスも10〜15歳ぐらいで性成熟します。メスは母親が率いる群れに所属したまま子どもを産みます。オスは成熟すると群れを出て、1頭だけか、ほかの独身オスと小さな群れを作って暮らします。

使える小ネタ　こめかみから謎の液体が出るのはオス。

体重：オス約 5400 kg
メス約 2700 kg

オスは牙が大きく、
年1度の凶暴期も！

　オスとメスを比べるとオスのほうが体が大きく、牙も立派です。メスには牙がないように見えますが、実質的に牙のような存在である2本の門歯が存在します。すむ地域により、あるいは動物園で暮らすメスのなかには、門歯が長く伸びる個体もいます。

　大人になったオスのゾウには、年に1度のマスト（凶暴期）が起こるようになります。マストの期間中は、目をギラギラさせて牙を突き出し、耳を大きく広げ、こめかみあたりから謎の分泌液を流すなどといった行動を見せます。普段はおだやかな動物園のゾウも、飼育係に反抗的な態度をとることがあるそうです。

使える小ネタ　自然界で、大きな群れをバリバリまとめるのはメスの仕事。

ニホンザル

Japanese macaque

オスは口が大きく犬歯が発達

　オスはメスよりも体が大きくなり、特に背中の筋肉が発達します。それから、しっぽを立てて歩くのはたいていオスです。ただし、それだけでは判定できないこともあるので、顔つきも見ましょう。

　ニホンザルには鋭くとがった犬歯がありますが、オスのほうが大きく、メスは小さめです。オスは犬歯を見せて威嚇したり、攻撃のための武器として使ったりします。オスはこの大きな犬歯をもつため、顔の鼻から下の部分が大きく、前に飛び出しているように見えます。

 使える小ネタ 口のあたりが大きく膨らみ、顔の下半分が前に飛び出して見えるようだったらオス。

体重：オス 10 ～ 18kg
メス 8 ～ 16kg
頭胴長：オス 53 ～ 60cm
メス 47 ～ 55cm
※餌づけされた群れでは
この限りではない

サル山は
メス中心の母系社会

ニホンザルといえば赤い顔とお尻ですが、オスもメスも同様です。繁殖期になるとさらに赤くなります。未成熟の子どもはまだ赤くなく、白っぽい色です。

サル山（サル社会）には群れを率いる強いオスのボス猿がいるといわれていましたが、飼育下、あるいは人間が食べた物を与えている半野生の群れの場合です。群れは、メス中心の母系社会で、群れで生まれたオスは 4 ～ 6 歳になると群れを離れて別の群れに入り、自分の子孫を残します。

メスは基本的に、生まれた群れで一生を終えます。

 使える小ネタ オスにはもちろん睾丸があり、繁殖期になると大きくなり、赤みが増す！

ニホンジカ

Sika (Sika deer)

オスには
立派なツノ

　ニホンジカは、オスだけがツノをもちます。ツノはずっと生えっぱなしではなく、毎年春に古いものが落ち、また新しいツノが生えてきます。その後、かたく育ったツノは、オス同士の威嚇や、メスをめぐる戦いのための武器になるのです。

　体重、体格もオスのほうが1.5倍ほど大きく、秋の発情期には体重、体格ともに最大になります。立派なツノ、大きな体のオスは繁殖においても優位となり、多くのメスを得られることになります。

　オスもメスも夏毛は茶褐色に白い斑点ですが、冬毛のオスは濃い茶色、メスは灰褐色。見た目の印象がガラリと変わります。

 使える小ネタ 観光地などでは、オスもツノ切りされていることがあります。また、2歳になるまでは、オスでもツノはありません。

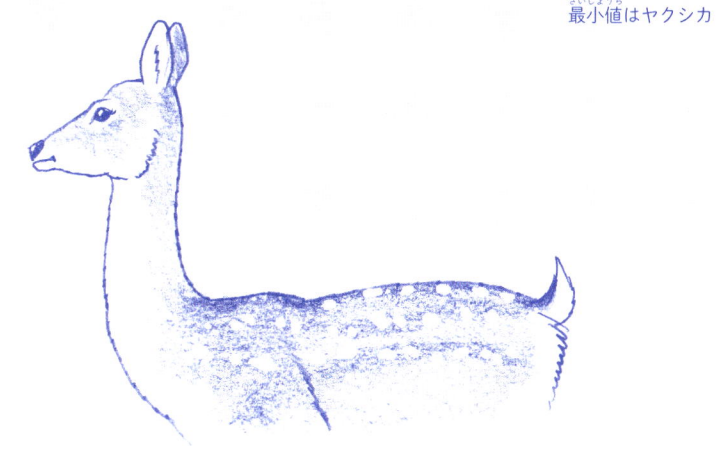

体重：オス 50 〜 130kg
　　　メス 25 〜 80kg
肩高：オス 70 〜 130cm
　　　メス 60 〜 110cm
※最大値はエゾシカ、
　　最小値はヤクシカ

オスとメスは
別に暮らす

　野生のニホンジカは基本的に縄張りをもたず、母子のペアや数十頭のグループなどの群れを作って生活します。オスとメスは別の群れで暮らしますが、発情期になると、オスはメスのグループに近づいて交尾をします。

　発情期のオスは、首のまわりにたてがみのような長い毛が生え、やわらかいツノが剥がれ、かたいツノが現れます。それから、泥におしっこをかけ、その泥を全身に塗ったり、あちこちに自分のにおいをつけて回るマーキングのような行動を取ったりします。ライバルやメスに自分の存在をアピールするためなどといわれています。

 使える小ネタ オス同士は、後ろ足で立ち上がり、ツノを使ってボクシングのような戦闘をすることがあります。

キリン

Giraffe

オスにもメスにも ツノがある

　キリンは世界一背の高い動物です。よく見るとまつげが長く愛らしい顔をしていますが、オスにもメスにも立派なツノが生えています。このツノは、皮膚の下にできる骨のかたまりが成長したものです。オスは、目立つ一対のツノの先端の毛房が少なく、皮膚が見えます。メスのツノの先端は毛房でおおわれています。鼻づらの出っぱりは第3のツノです。

　体の大きさはオスのほうが大きく、また、オス同士はメスをめぐってケンカをするため、脳を保護するために頭蓋骨も大きめです。

 使える小ネタ　メスをめぐって戦っているうちに、オス同士が仲良くなってしまうことも……。

体重：オス 970 〜 1400kg
メス 700 〜 950kg
体高：オス 3.8 〜 4.7m
メス 3 〜 3.5m

メスが中心となって群れを作る

　自然界では、メス同士か、メスとその子どもを中心とする群れを作ります。オスはこの群れに加わることもありますが、基本的に縄張りをもたずにたえず歩き回り、交尾相手のメスを探します。メスを見つけても、すでに求愛中のオスがいる場合は、交尾する権利を得るために戦いを挑むこともあります。長い首をムチのようにしならせてツノで打ち合い、激しく戦い、命を落としてしまうオスもいるのです。

　動物園ではそのような激しい戦闘は見られませんが、メスのフェロモンをかぐためにくちびるをゆるめて口を半開きにする「フレーメン反応」を見ることができます。

使える小ネタ　めったに鳴きませんが、母親が子どもを呼ぶときにウシに似た声を出すことがあります。

ライオン

Lion

立派なたてがみなのにオスは狩りをしない!?

　たてがみがあるのがオス、ないのがメスです。若いオスのたてがみは明るい色をしていますが、年を取るごとに色が濃くなっていきます。オスのたてがみは、戦うときに急所となる首を守るために濃く、しっかり生えるという説があります。

　立派なたてがみがあり、体も大きいオスですが、狩りをするのはメスの仕事。メスたちが連携して、待ち伏せ役と追い立て役に分かれて、シマウマなどを狙います。メスたちがえものをしとめてもオスが先に食べるので、メスは待つしかありません。ただし、オスは子どもの食事は妨害しません。

 使える小ネタ　ライオンのオスはふつう狩りをしませんが、群れを守るという立派な役割があります。

体重：オス 150 〜 240kg
　　　メス 122 〜 182kg

群れはメス中心
オスは放浪する

　ライオンは、ネコ科の動物では珍しく、群れで暮らします。群れは親戚同士のメスが中心となっており、群れで生まれた子どもも所属しています。オスは、縄張り争いに勝った者が迎え入れられるかたちで群れに加わります。群れの子どものなかでも、オスは成長すると、群れから追い出され、放浪生活をはじめます。

　群れに属していないオスは、群れを乗っ取るため、その群れのオスに戦いを挑みます。争いに勝って群れに加わったら、前のオスの子どもを殺し、メスに子どもを産ませて自分の子孫を残します。

使える小ネタ　動物園のオスのライオンは、去勢されるとホルモンバランスが変わり、たてがみが貧弱になります。

マンドリル

Mandrill

顔もお尻も
超派手なオス

　マンドリルのメスとオスの見分けは簡単。オスはド派手で、メスは地味めの色合いとなっています。

　オスは顔とお尻がひと際目立ちます。顔は、真っ赤な鼻筋と、その両側の青い皮膚のコントラストがなんとも印象的。こんなに目立つと何かと大変そうですが、生息地のアフリカ熱帯雨林では色とりどりの花が咲く環境のため、逆にカモフラージュ効果がありそう。お尻周辺は青紫色やピンク色のグラデーションになっていて、これもとっても目立ちます。

　オスは体も非常に大きく、メスの２倍ほどになります。

 使える小ネタ オスには長い歯（犬歯）があり、ライバルが近づくと口を開けて歯で威嚇します。

群れに入るとオスは
ハーレム状態！

　マンドリルは通常、20頭ほどの集団で暮らします。いくつかの群れが集まり、さらに大きな群れになることも。

　群れはメスと子どもで構成されており、オスの多くは普段は単独で暮らしています。乾季になるとメスが発情期を迎え、オスがメスグループにやってきて、繁殖能力のあるメスすべてと交尾をします。これぞ、本物のハーレム状態！

　オスは赤ちゃんが生まれる雨季には集団から出て行き、また単独で暮らしはじめます。

 オスの派手な色はホルモンと関係しており、赤い色が強いほどメスにモテるとか!?

鳥類

セキセイインコ

Budgerigar

チータンは カワイイ ピョョー ギー

チータン
ダイスキ

チータンは
オイシイ…

チョット
静かにシテョー！

ギューグ
ギュグ

鼻の周りの
色で見分けよう

　ヒナの性別判定は困難ですが、成鳥に近づくと見分けやすくなります。見るべきポイントはろう膜（鼻の周りの肉質の部分）。オスは青色、メスは白〜淡い青色になります。ただし、メラニン色素のないハルクインや赤目系などの、人の手によって作られた品種は、成鳥になっても、ヒナのときのピンク色や薄紫色のままです。

　セキセイインコといえばおしゃべり。環境や性格にもよりますが、オスのほうが人のおしゃべりをよく覚えます。相手に似せた声を出すこと（鳴き交わし）で、気に入ってもらおうという心理が働いているといわれ、人間相手でも同様です。

 使える小ネタ おしゃべりをするのはたいていオス。人間の声のほか、スマホの音やチャイムを上手にマネするものも。

体重：30〜40g
体長：18cm

オスとメスで違う
発情行動って？

　セキセイインコは一夫一妻制で、相性のよいオスとメスを一緒に飼っていると、卵を産んでヒナがかえることも。

　オスがメスに口移しでえさを食べさせる「求愛給餌」をしたり、メスが尾羽を持ち上げ、体を反らせてオスを受け入れる体勢を取ったりすれば、カップリングは成功でしょう。

　ちなみにメスは、1匹で飼っていても、発情して卵を産んでしまうことがあります。光や温度、巣をイメージさせるものの存在がきっかけになるといわれています。人間の飼い主に疑似恋愛をして、巣作りをするメスもいます。

 使える小ネタ 飼い主さんが好きすぎて、卵を産んでしまうほど愛情深いメスもいます（発情期はちょっと距離を置くとよいでしょう）。

ニワトリ

Chicken

トサカと肉垂
蹴爪はどんな？

　成鳥になると、オスは頭の上のトサカが発達し、くちばしの下に肉垂（肉質のかたまり）ができるため、性別判定は難しくありません。また、全体的にオスのほうが骨格や筋肉のつき方ががっしりしている印象です。

　もっと細かく見ていきましょう。オスのすねのようなところの上部に注目です。後ろ向きに鋭いツメがありませんか？　これは蹴爪というものです。縄張りやメスをめぐってオス同士で戦うときの武器となるのです。2羽のオスを戦わせる闘鶏に使われるシャモは、非常に鋭い蹴爪をもちます。

使える小ネタ　「コケコッコー」と鳴くのはオスだけ。メスは小さく「コッコッ」と鳴くだけ。

ヒヨコのオスメス
どう見分ける？

　ところで、ニワトリの子どもといえばヒヨコ。トサカや蹴爪が発達する前の子どもの時期なので、オスメスの判別はけっこう難しいのです。肛門を指で開いて、生殖突起をさわって確かめる、羽毛の生え方で判別するなどの方法があり、これらには職人的技術が必要なため、「初生雛鑑別師」という資格があるほどです。

　最近は内視鏡で精巣や卵巣を確認・判別する方法もあります。それから、孵化前の卵の状態で染色体を調べ、オスメスを判別する方法が開発されはじめているそうです。

使える小ネタ　ヒヨコのオスとメスを見分ける技術者を認定する「初生雛鑑別師」という資格があります。チャレンジしてみる!?

クジャク

Peafowl

オスは飾り羽で
メスにアピール

　クジャクといえば飾り羽。装飾品に利用されるほどの美しさで、先のほうには目玉模様がついています。この羽は尾羽のつけ根部分を覆うように生えており、「上尾筒」という名前がついています。これはオスだけの特徴で、メスは飾り羽が短く、先端の目玉模様がありません。

　オスはこの飾り羽でメスにアピールします。交尾の決定権はメスにあるため、オスはメスに選ばれるために、羽を使ってさまざまなアピールを行なうのです。そのため、繁殖期が終わると抜けてしまいます。

 使える小ネタ 繁殖期以外のオスは飾り羽が落ちて意外と地味になります。また、羽を広げるのを見られるのも繁殖期だけです。

体重：4〜6kg
全長：1.8〜2.3m

（インドクジャク）

羽の目玉模様が多いほどモテる!?

　春〜夏の繁殖期には、オスの独特な求愛ダンスが見られるかもしれません。

　オスはメスに向かって飾り羽を扇のように広げ、細かく震わせたり、音を立てたりしながら気を引こうとします。ときには、後ろ向きの姿勢からくるりと振り返ってメスのほうを向いたりと、必死のアピール！

　メスはどんなオスを気に入りやすいかといえば、飾り羽が美しいオス、声が大きいオスなどといわれていますが、羽の目玉模様が多いほどモテるというユニークな研究結果もあるそう。

 使える小ネタ オスにもメスにも頭の上に、トサカのように生えた冠羽があるのでチェックしてみて！

ペンギン

Penguin

眠い… ハラ減った

寒い…

ミルクを出すオス
魚をあげるメス

　ペンギンといっても、世界には18種類ものペンギンがいます。もっとも大きいのがコウテイペンギン。オスのほうがやや大きいといわれていますが、外見はオスもメスもほとんど同じ。

　では、行動で見分けてみましょう。コウテイペンギンはメスが卵を産むと、オスが卵を温めます。メスは食べ物をとりに海へ出かけ、オスは立ったままの姿勢で、飲まず食わずの状態でずーっと温め続けます。

　無事にヒナがかえってもメスが帰ってこないと、オスは口からペンギンミルクと呼ばれる乳状のものを出して与え、数日は耐えしのびます。メスが与えるのは、母乳ではなくとってきた魚です。

 使える小ネタ オス同士でペアになり、卵を盗んで自分たちで育てるカップルがいます。ちなみにメス同士も！

♪ お父チャンのため〜なら…

体重：37kg以上
（コウテイペンギン）

相手を決めたら
浮気はしない！

コウテイペンギン以外にはキングペンギン、ジェンツーペンギンなどがいて、いずれもオスとメスの外見はほぼ同じで見分けは困難です。子育てについてはコウテイペンギンとは違い、オスとメスが交代で卵を温めます。また、一度つがいになると、高確率で一生同じ相手と繁殖する傾向もあります。

そんな仲良しペンギンのカップル誕生の秘密は、求愛のポーズ。胸を反らせて首を上に伸ばし、大声でアピールします。ペンギンの種類ごとにスタイルは違いますが、基本的にこれがペンギンのアピール方法。オスのほうが熱心なようです。

 使える小ネタ　アデリーペンギンは、求愛のために、オスがメスに石をプレゼントすることがあります。

タマシギ

Greater painted snipe

鳥には珍しい
一妻多夫制

　鳥の世界では「オスのほうが美しく、メスは地味」というのが一般的。オスは目立つ姿でアピールし、メスに選ばれて子どもを産んでもらう必要があり、メスは卵を抱くので目立たないほうがよいのです。オス・メスが同じような羽色のものは、オス・メス交代で子育てを行なうのがふつうです。

　もちろん例外もあり、日本の湿地や水田などで見られるタマシギもそのひとつです。タマシギはなんと、メスは卵を産むだけで、抱卵と子育てはオスが行ないます。メスは目立つ羽色でオスが地味と、見た目もオスとメスの逆転パターンです。

　生物一般では、交尾の最終的な決定権はメスにあることがほとんどですが、タマシギはメスがオスに選ばれるスタイル。メスは産卵に成功すると、また新たなオスとペアになる「一妻多夫」もユニーク。

 使える小ネタ メスはチョウのように翼を持ち上げてオスにアピールすることもあります。

体長：オス 22cm

メス 26cm

キュ〜〜ッ

アチョー

※想像図です。

メスは子育てせず すべてオス任せ

もう少し詳しく見ていきましょう。

タマシギは、目の周りがメガネをかけたように白くなっているのはオスメス共通。ですが、オスは全体的にグレーがかった褐色で、メスは顔から胸にかけての赤色や、首周りの白い輪など目を引く色彩、デザインとなっています。

メスは初夏になると縄張りを作り、オスをめぐってメス同士で争うことも。オスを手に入れたメスは巣に卵を産んだら、あとはオスにお任せして、次のオスを求めて去っていきます。オスは卵を抱き、子育ても 1 羽でしっかり行ないます。

使える 小ネタ タマシギのように「地味なオスほど子育て熱心」という法則があるといえるかも。もしかして人間も？

ブンチョウ

Java sparrow

ピョン

ヒョコヒョコ

くちばしで見分けられる

　桜文鳥や白文鳥、クリーム文鳥などの種類がありますが、くちばしでオスメスをだいたい見分けられます。オスはくちばしが全体的に太めで、濃い赤色をしており、上くちばしのつけ根部分が盛り上がっています。これに対して、メスはくちばしがほっそりしており、薄めの赤色です。

　それから、目つきはオスのほうが鋭く、切れ長の印象。オスもメスも、瞳の周りに輪っか（アイリング）がありますが、オスのほうが赤色が鮮やかです。

　体勢を比べると、オスのほうが背を伸ばしぎみ、メスは前傾ぎみでいることが多いです。

 使える小ネタ 若いオスはさえずりの練習（ぐぜり）をします。「ピロロ」「ギュルギュル」など、下手でも真剣でかわいいですよ。

体重：12〜15g
体長：11〜12cm

鳥類

フリ…

フリ…

発情期の
求愛行動に注目

　メスは1羽でも卵を産みます。オスメスのつがいで飼うと、発情期になると、オスもメスも求愛行動を見せます。

　オスはダンスをするようにピョンピョン飛び跳ねてメスに近づいたり、メスは尾羽を上げてオスを迎え入れるようなしぐさを見せたりします。

　ペットの鳥のなかでは、性格がおだやかで慣れやすいブンチョウですが、オスのなかには気性が荒めのものもいます。

　鳴き声を比べると、オスはメスにアピールするために、さえずり鳴き（求愛ソング）をします。メスは「チッ」と短く小さな声で鳴く程度です。

使える小ネタ

メスは、発情期になると、ちょっとしたきっかけで発情のスイッチが入り卵を産んでしまうことも。ペットの場合は距離を置くなどして、刺激しないほうが無難です。

55

マガモ

Mallard

↑エクリプス

オスは派手だが一時的に地味になる

マガモのオスは「青首」と呼ばれる通り、頭部の羽が金属のように光る青緑色をしています。黄色いくちばしも鮮やかで、よく目立っています。

このカラフルな見た目は、メスに自分の存在をアピールし、繁殖の機会を得るための作戦。繁殖が終わると、鮮やかな羽は抜け落ち、一時的にメスとよく似た地味な色に変身。ただし、くちばしは黄色のままです。

渡り鳥であるマガモのオスは、もうアピールの必要もないし、目立たない見た目になると、外敵にねらわれずに越冬地に向かうことができるというわけ。

 使える小ネタ　メスは全身が地味なわけではなく、羽を広げると鮮やかな青い羽があるのが見えます。

体重：690〜1500g
体長：50〜65cm

え、何？

こんな冴えない男だったかしら？

求愛には熱心だが
育児しないオス

　次の繁殖期が近づくと、オスは鮮やかな色合いに戻ります。オスはメスを追いかけ、首を上下に振りながら声を出したり、尾羽を動かしたりしてメスにアピールします。

　1羽のメスを複数のオスでねらうこともあり、交尾の最終的な決定権はメスにありますが、メスをしつこく追い回して強引に交尾しようとするオスもいます。

　つがいになると、オスとメスは寄り添って行動するようになり、巣を作ります。卵が孵化してヒナがかえる前にオスは巣から離れ、子育てはメスだけで行ないます。

使える小ネタ オスの地味な羽色のことをエクリプスと呼びます。

カルガモ

Spot-billed duck

オスはメスより
やや濃い色

　カルガモは一年中日本にいる唯一のカモ。オスとメスはほぼ同じ見た目のため、見分けはやや難しめです。

　渡りをするカモはたいてい、メスの気を引くために、オスのほうが鮮やかな羽色をしています。ですが、カルガモは渡りをせず日本で繁殖するため、他種のカモがほかにいない環境で繁殖できるので、オスは目立つ必要がないからという説がありますが、真相はわかりません。

　とはいえ、よく見ると、オスのほうが全体的に濃い羽色をしていることが多いようです。また、羽の1枚1枚のりんかくがくっきり見えるとメスです。ペアでいると比べやすいですね。

 交尾を目撃できれば、見分けは簡単。下にいるのがメスで、上がオス。

体高：61cm

カルガモの引っ越し
先頭にいるのはメス！

　カルガモといえば、かわいい親子連れの様子です。日本屈指のビジネス街である東京・大手町でも、カルガモ親子が話題になる通り、都会でもちょっとした水辺や茂みがあれば繁殖できます。

　求愛に成功したオスはメスと交尾を行ないますが、巣作りと産卵、抱卵はメスだけで行ないます。ヒナがかえると、すぐに親とヒナたちは巣を離れます。巣を作った地では食べ物が十分に取れないため、よりよい場所を目指して引っ越しします。

　だから、小さなヒナを連れて歩くのはメスです。

使える小ネタ 繁殖期は、1匹のメスに対して複数のオスが集団で求愛するシーンが見られることも。

ダチョウ

Ostrich

ぶわさ

ぶわさ

黒いのがオスで 灰褐色だとメス

　ダチョウは世界最大の鳥ですが、飛ぶことができません。その代わり、足指は 2 本だけのため、つま先立ちのような状態で走れ、時速 50 〜 70km ものスピードが出せるのです。また、長距離を走ることもでき、オスは広大な縄張りをもっています。

　ダチョウと同じ飛べない鳥グループには、エミューやキーウィなどがいますが、そのなかでオスとメスの羽色が異なるのはダチョウだけ。オスが全体的に黒色で、風切羽と尾羽が白くなっています。メスは全体的に灰褐色のワントーンです。

使える小ネタ 群れのなかで順位の低いメスは抱卵・育児をしなくても、自分の子を残せる可能性があります。

体重：100 〜 160kg
頭頂高：オス 2.1 〜 2.8m
　　　メス 1.7 〜 2m

オスは抱卵も
子育てにも参加

　ダチョウは一夫一妻が基本ですが、一夫多妻とその家族からなる群れで暮らすこともあります。

　繁殖期は、生息地のアフリカでは雨季が中心。オスが巣を作り複数のメスが産卵しますが、卵を抱くのはオスと群れの優位メスだけ。優位メスは最初に卵を産み、ほかのメスはその周りに卵を産みます。卵をとりに来た天敵は、周辺の卵から襲うので、優位のメスの卵が残りやすいのです。オスはメスと交代で抱卵をし、子育ても熱心に行ないます。

　ダチョウの求愛ダンスはユニークで、メスの前に座り込み、右羽と左羽を交互に上げたり下げたりしながら、首を8の字状に動かします。メスがそれを気に入れば座り込み、そこにオスが乗って交尾が行なわれます。

使える
小ネタ　ダチョウのオスは、求愛ダンス以外に、うなるような声を出してメスにアピールします。

キジ（ニホンキジ）

Japanese Pheasant

ツヤツヤで
ハデハデのオス

日本の国鳥・キジ。深い森ではなく、人里近くの林や農耕地で暮らしています。普段はオス同士やメス同士の群れで生活していますが、4月から7月の繁殖期になると、オスはメスに近づき、さまざまなアピールをします。

オスは緑や青、紫系の羽毛に包まれたツヤツヤボディーで、メスは茶色系の羽毛に細かい黒の斑と地味な見た目なので、見分けは簡単。繁殖期になると、オスは目の周りの肉質部分が大きくなり、顔がハートのような形になります。性格も攻撃的になり、別のオスと足の鋭いツメ（蹴爪）で戦うこともあります。

 使える小ネタ　尾羽はオスのほうが長く、普段は円錐形。求愛するときは扇状に開げ、小刻みに動かします。

草むらで保護色に なるメスの羽毛

　メスをめぐるアピールはなかなかダイナミックで、オスは「ケーンケーン」と鳴きながら、翼を羽ばたかせて大きな音を出してメスに呼びかけます。

　自然界だけでなく、動物園にいるキジも、毎年1月中旬ごろから夏にかけて、繁殖行動が活発になるようです。

　求愛に成功したオスはメスと交尾し、メスは地面に巣を作って卵を産みます。草むらなどで地面を浅く掘る程度の巣ですが、メスの羽毛は草むらの中では見事な保護色となり、外敵に見つかりにくく、安心して子育てができます。

使える
小ネタ

メスは、抱卵をはじめると、危険が迫っても巣から逃げないほど、母性本能が強いといわれています。

両生類・爬虫類

りょう せい るい　は ちゅう るい

ヒキガエル

Japanese common toad

メスのほうが体が大きくなる

日本に昔からいるカエルのなかでは最大で、「ガマガエル」などとも呼ばれています。体全体にイボがあり、目の後ろには毒液を分泌するコブがあります。

オスとメスとでは、メスのほうが性成熟が遅く、その間も体が成長し続けるため、体が大きめです。緯度が低いところ、標高の低いところのほうが体格差が出やすいとも。

繁殖行動の特徴は、毎年産卵のために、生まれ育った場所に戻ること。それから、「蛙合戦」という言葉がある通り、オスが集団で1匹のメスを奪い合うのもユニーク。

 使える小ネタ ヒキガエルは、自分が生まれ育った場所を「におい」で記憶しているという説があります。

体重：44〜600g
体長：80〜176mm

魚でもオスでも
なんでも抱きつく！

　オスはメスに先駆けて繁殖地に集まり、「クックックッ……」と鳴いてメスに呼びかけます。

　オスは強引で、あらゆるものに抱きつき、魚に抱きつくと魚が死んでしまうほど。間違えてオスに抱きつくと、「違うよ！」「離せ！」という意味の声で鳴くそうです。

　メスを得ることに成功したオスは、メスの背中に乗り、メスが選んだ産卵場所（水中の枯れ草など）に向かい、メスの産卵と同時に射精し、受精が完了。オスはしばらくその場にいますが、また新たなメスを求めて行きます。

使える小ネタ 卵はひも状の卵塊に覆われており、中には数千〜1万個以上もの卵が入っています。

アカハライモリ

Japanese fire belly newt

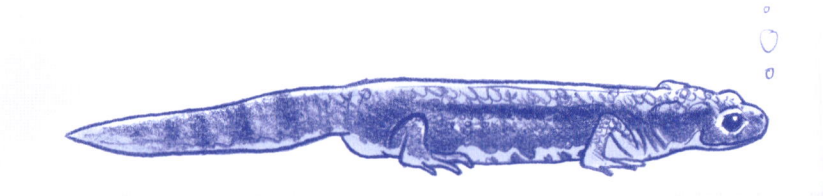

オスのほうが筋肉質で
肛門あたりがもっこり

日本固有種のイモリ。背側から見ると黒めの褐色ですが、お腹は鮮やかな赤色をしています。アカハライモリは皮膚からフグ毒と同じテトロドトキシンを出すため、「自分を食べると危険！」と敵に警告するために、この赤いお腹を見せるのです。

オスとメスの見分け方としては、まず体形を見比べてみましょう。オスのほうが筋肉質な印象で、頭と胴をつなぐ部分が山のように張り出しています。さらに肛門あたりに精子を放出する器官があるため膨らみが確認できることも。

 使える小ネタ 繁殖期のオスは、しっぽをヒラヒラさせるなどの行動でメスに求愛ダンスをします。

全長：100〜130mm

オスもメスも
性フェロモンで誘う

　しっぽもオスのほうが全体的に立派ですが、横から見ると違いがはっきりとわかります。横から見ると、オスのしっぽは太く、先端あたりで急に細くなります。メスは全体的に細めです。

　それから、4〜7月は繁殖期で、オスはしっぽや胴などに、白みがかった青色の婚姻色が出ます。

　メスはアイモリンという性フェロモンを出し、これに対してオスはソデフリンというフェロモンを出し、異性を引き寄せます。

　求愛が成功すると、オスは精子のかたまりを落とし、メスがそれを受け取って体内に取り入れることで受精が完了します。

使える小ネタ 繁殖方法が独特のため、イモリの黒焼きが惚れ薬とされていた時代もありますが、人間には当然効果はありませんよ！

カメ
(ミシシッピアカミミガメ)

red-eared slider

池を泳ぐカメ……
のどかだけど外来種 !?

　ペットのカメ、池などにいる野生のカメといえばアカミミガメ。子ガメのときは甲などが緑色なのでミドリガメと呼ばれます。正式な名前はミシシッピアカミミガメで、その名前の通り、北米に住むカメです。1950年代からペットとして輸入されたものが、心ない飼い主により捨てられるなどして、爆発的に数を増やし、現在では「日本の侵略的外来種ワースト100」に指定されています。
　数が増えたのは、植物やカエルなどなんでも食べるうえ、環境の変化にも強いことが理由です。日本では、オスよりもメスのほうが多く生まれる割合が高く、メスがまた卵を産んで急速に増えていきました。

 使える小ネタ 繁殖環境の都合から、ペットショップでもメスのカメが多めになるといわれています。

体長：オス 18 〜 20cm
メス 22 〜 24cm
体重：オス 0.8 〜 1.2kg
メス 1.6 〜 2.3kg

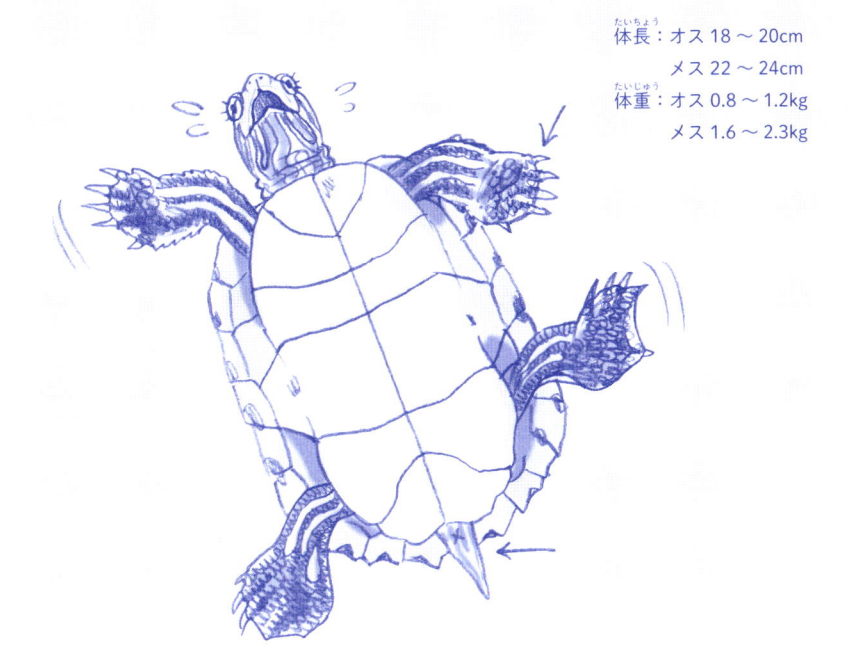

全体的に黒いのがオス
しっぽも太く長い

　カメの性別は、卵の時期の温度で決まるという、おもしろい性質があります。ほとんどの種で、オスとメスではメスのほうが大きくなります。また、交尾の際はオスがメスに乗るため、多くの種でオスの腹側がへこんでいます。

　ミシシッピアカミミガメでは、オスのほうが全身が濃い黒色で、しっぽも太く長くなります。裏返して肛門の位置を比べると、肛門の穴がオスは甲羅より外、メスは内にあります。

　繁殖期は春と秋で、オスは長いツメをメスの前で震わせてアピールします。求愛が成功しペアになると交尾を行ない、メスは地面に巣穴を掘り、そこに卵を産みます。

使える小ネタ オスは交尾のときにメスをしっかりつかまえるために、前足のツメが長く伸びます。

マムシ

Mamushi

爬虫類だけど卵が母体で孵化し、子どもの状態で誕生

　ヤマカガシやハブと並び、毒ヘビとして知られるマムシ。かまれると死に至ることもありますが、積極的に人間を襲ってくることはありません。出会ったら、刺激せず、そっと逃げましょう。ちなみに、マムシにかまれると、歯のあとが2つつきます（それ以外のヘビは2列に数個つくことが多い）。体形はほかのヘビよりも太めで、ずんぐり系です。

　さらに、「親の腹を食い破って出てくる」とか「口から産まれる」などという俗説がありますが、正確には卵胎生。卵は母体内で孵化し、子どものヘビの状態で出てきます。

 使える小ネタ マムシは交尾を数時間行なうため、そのパワーにあやかろうと精力剤の「マムシドリンク」などが誕生したといわれています。

体長：40〜65cm

ペニスがポロリ……はオス
遭遇するのは主にメス

　マムシのオスには、半陰茎（ヘミペニス）という交尾器が一対あります。交尾時に体の外に飛び出してきますが、驚いたときなどにポロリと出ることも……。これをヘビの足と勘違いする人もいるんだとか。つまり、ポロリしていたらオス確定！

　これ以外のわかりやすい見分けポイントはありませんが、1年のサイクルを見ると、「人と遭遇するのはメスが多い」といえそうです。基本的に夜行性なので人と遭遇しにくいのですが、7〜10月ごろの卵をもったメスは卵の成長を促すため、日中も日光浴に出てくることがあるからです。この時期のメスは気性が荒くなるので要注意！

 使える小ネタ　アメリカで、オスがいるのに交尾をせずに子を作るマムシのメスが確認されたそうです。

魚類・海の生き物

メダカ

背ビレの切れ込みと
尾ビレの形で判別 OK

　メダカといえば、昔は用水路や小川など、いたるところで見かけましたが、今となっては貴重な存在。アクアリウムの世界ではさまざまな改良品種が登場し、1匹数百円〜数千円といった高級なメダカだっているんですよ。

　このように多様なメダカがいますが、オスとメスの見分け方は基本的には同じ。まず、ヒレの形を見ます。

　わかりやすいのは背ビレ。オスは背ビレに切れ込みがあり、メスにはありません。それから臀ビレ。オスは大きく四角形ですが、メスのほうは小さく、正三角形に近い形をしています。

 使える小ネタ　メスは卵を生む穴（生殖器官）あたりが膨らんでいて、オスはこれを見て交尾のやる気を出すとか！

体長：4〜5cm

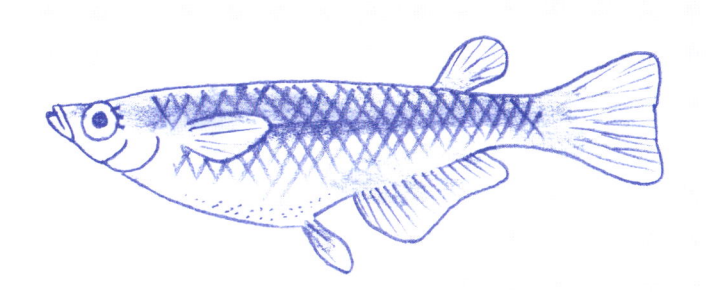

繁殖期のオスは
鮮やかな色に変身

　このようにヒレの形が違うのは、交尾のときにオスがメスの体を背ビレと臀ビレで巻き込みながら抱き寄せるため。同じ水槽でオスとメスを飼っている場合は、4〜8月の繁殖期には、健康なメスは毎日10〜30個ほどの卵を生み、オスはその瞬間に精子をかけて受精を行ないます。メスは卵を数時間お腹にくっつけて泳いでから、水草などに卵をからみつけます。

　メダカは繁殖期になると「婚姻色」に変身。オスは尾ビレにオレンジ色が現れ、腹ビレが黒くなるなど、著しく変わります。この婚姻色はメスへのアピールや、縄張り主張のための目印として役立つといわれています。

 使える小ネタ 水草に卵を見つけても、受精に失敗していることもあります。その場合は稚魚は生まれません。

グッピー

guppy

メスは卵でなく稚魚を出産 !?

　グッピーは南アメリカ原産の美しい魚。観賞魚として日本に入ってきましたが、身勝手な放流を行なう人がおり、日本各地の温泉地などで"野生のグッピー"として繁殖してしまいました。現在では、グッピーは環境省指定の要注意外来生物となっています。

　このようにグッピーは繁殖力が旺盛です。その秘密は「卵胎生」。メスはさまざまなオスと交尾をして、複数のオスの精子をお腹の中にたくわえることができます。その後、メスはお腹の中で卵を孵化し、卵ではなく稚魚を出産します。

使える小ネタ　ヒレの長さを比べると、メスよりもオスのほうが長くなっています。

体長：オス約35mm

メス約50mm

カラフルなオスが
メスに真剣アピール

　この出産方法のためメスは、①オスより体が大きい、②肛門付近に黒い点模様がある（卵巣が点のように透けて見える）、という特徴があります。

　それから、グッピーといえばカラフルな姿ですが、派手なのはオスだけで、メスは地味です。オスは性ホルモンなどの働きで、オレンジ、青、黒など、さまざまな体色が現れます。オスはきれいな姿をしていても、最終的に交尾の決定権はメスにあります。相手として選んでもらうために、この派手な見た目をメスに見せつけるのです。

 使える
小ネタ　メスは一度交尾すると、オスが一緒にいなくても約1か月おきに出産できます。

マグロ（クロマグロ）

Pacific bluefin tuna

生態も繁殖も謎が多い神秘の魚

　すしネタやツナ缶の原料として知られるマグロ。クロマグロ、ミナミマグロ、メバチ、キハダなどの種類があります。食材としての分類では「天然マグロ」と、捕獲した稚魚を養殖した「畜養マグロ」があります。

　食卓ではおなじみの魚ですが、習性や繁殖などについては謎が多く、まだわからないことがたくさんあります。完全養殖できるようになるまでに長い年月がかかっており、世界初の完全養殖に成功したのが近畿大学水産研究所による「近大マグロ」。1970年から研究をはじめ、2002年に完全養殖に成功しました。

 使える小ネタ　マグロは、一度に1000万粒以上の卵を産むといわれています。

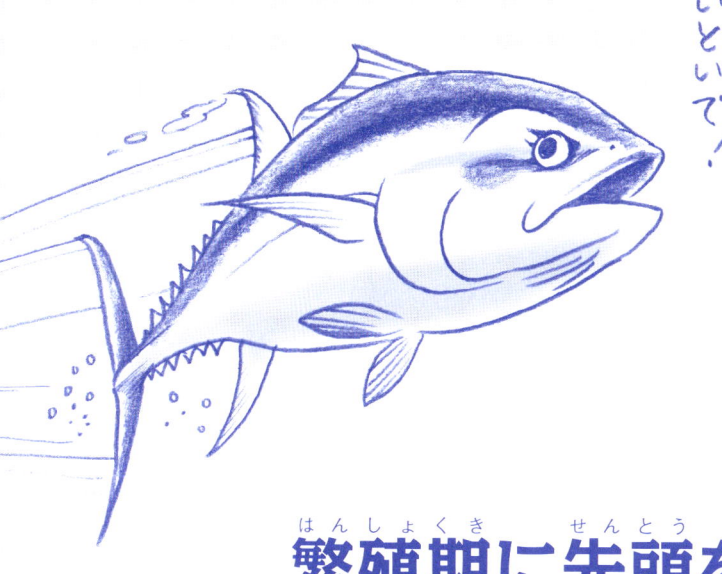

体長：3m 以上
体重：400kg 以上

（クロマグロ）

アタシについといで！

繁殖期に先頭を泳ぐのがメス

水族館でも飼育や展示には苦労していますが、東京の葛西臨海水族園ではマグロを群れで見せる展示に成功しています。

水槽の中のマグロは見た目だけでは、オスとメスの見分けは不可能。飼育係さんたちも「死んだときに解剖して、精巣と卵巣を確認しなければわからない」というほど。

ただし、夏の繁殖期は、群れの先頭を泳いでいくのがメス。一匹のメスを数匹のオスが追いかけます。その際、メスは泳ぎながら産卵し、続いて泳ぐオスがそこに精子をふりかけることで受精が成立するのです。その卵は、300kg ほどのマグロでも、直径 1mm ほどと極小。生命の神秘を感じます。

使える小ネタ

オスとメスは味に違いはないようですが、背側と腹側で味が違います。背側はあっさりめ、腹側は脂ののりがよい傾向です。

81

オイカワ

Pale bleak

地味な淡水魚なのに
オスは熱帯魚に変身!?

　釣りや魚捕りの定番・オイカワ。川の中・下流域や水路、沼などに生息する淡水魚です。

　全体的に銀白色の、細長く平べったい体形をしています。普段はオスもメスも日本の淡水魚らしい地味な姿をしており、さほど目立ちませんが、繁殖期になるとオスが一変。全体的に鮮やかな青緑色や赤色が表れ、目の上あたりが赤みを帯びて、熱帯魚さながらの派手な外見になります。成熟したオスであることを見た目でアピールするための「婚姻色」で、魚類のなかでもわかりやすい変化をします。それからオスは、婚姻色と同時に、表皮に「追星」と呼ばれる突起ができます。

 使える小ネタ 十分に成熟したオスは追星が一列に並び、白い線のようになります。

体長：約15cm
※オスのほうがメスより大きい

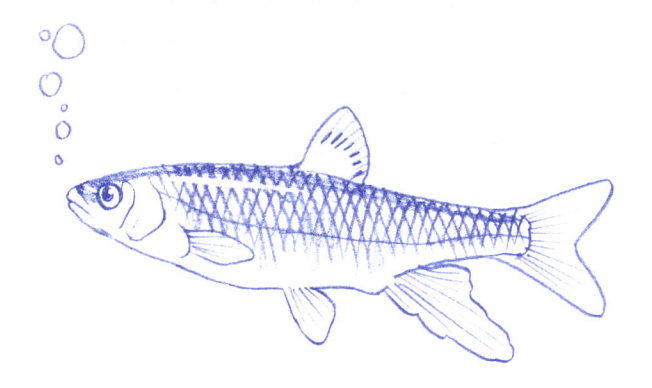

成長スピードが早いオスは
成魚になってもデカい

　ヒレを比べてみても、メスよりもオスのほうが長く伸びる傾向がありますが、特に臀ビレの長さは明らかに違います。
　その理由は、交尾のときにオスはメスの体をこの臀ビレで包み込んで抱き寄せるために都合がよいからです。オスは、メスが砂の中に卵を産みつけるときに、精子をふりかけて受精が完了します。
　体つきを比べてみても、個体差はありますが、オスのほうが大きくなります。稚魚から成魚になるときの成長スピードもオスのほうが早いという特徴があります。

使える小ネタ　繁殖期にはメスもやや体色が変わりますが、オスほどではありません。

サメ

Shark（Blue shark）

おちんちんが
２本丸見えだ !?

　多くの魚は、メスが産んだ卵にオスが精子をかける、体外受精ですが、サメのオスは交接器（生殖器）をもち、これをメスの体内に入れて精子を送り込み、体内受精をするという特徴があります。

　性的に成熟したオスは、お腹側に２本の交接器が見えるため、オスとメスの見分けは簡単です。オスの交接器は腹ビレが変形・進化したもので、中には骨が入っていて、右方向や左方向に曲げることができます。

　交尾のスタイルは、お腹同士をくっつける、体を巻きつけ合うなど、種類によりさまざまなのも興味深いところです。

 使える小ネタ ドチザメなど、メスだけで出産（単為生殖）できると考えられている種類のサメもいます。

体長：約 3.8m

（ヨシキリザメ）

卵で産まれたり
赤ちゃん魚で産まれたり

　メスの出産方法は、卵を産み出す「卵生」、母体内に産卵し、卵殻の中で育ててから子を産み出す「卵胎生」、哺乳類のようにへその緒経由で栄養を与えて育てた子を産む「胎生」など、多種多様となっています。

　サメにはさまざまな種類がありますが、一般的に、交尾のときはオスがメスの胸ビレを噛んで、逃げられないようにします。そのため、胸ビレに傷（交尾傷）が多いメスはモテているということになります。そもそもメスはオスの３倍皮が厚いといわれていて、皮が厚く傷がつかない種類もいます。水族館で観察するときにチェックしてみては？

使える小ネタ　シロワニというサメは、子宮の中で胎仔同士が共食いして、生き残ったものだけが産まれてきます。２つの子宮があるので、最終的に２子が産まれます。

85

コブダイ

Asian sheepshead wrasse

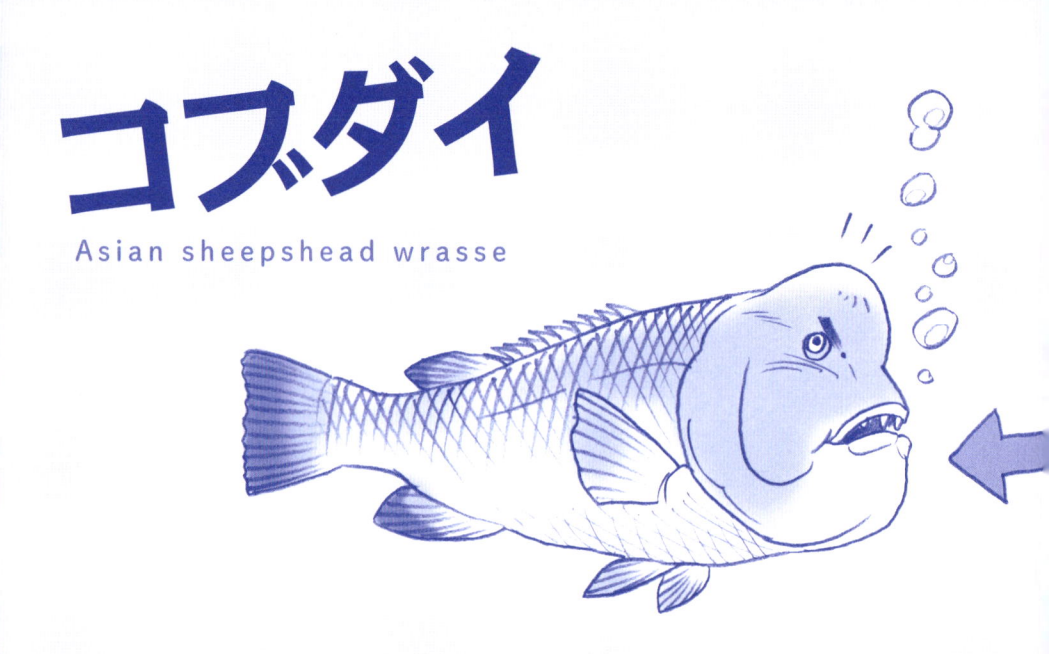

オスもメスも
コブがある

　コブダイはその名の通り、顔にコブがある魚です。コブの中には脂肪がたっぷり入っています。ひと昔前までは、コブがあるのはオスだけといわれていましたが、大型の個体はオスもメスもコブをもつことが判明しました。ただし、オスのほうがコブが大きくなるようです。

　オスはハーレムを作り、ほかのオスが自分の縄張りに侵入すると、自分の体の片側を強調し、体を大きく見せる「側面誇示」という威嚇行動を取って追い払います。ただし子どもには手を出しません。

 使える小ネタ 求愛時、オスは自分を大きく見せたり、求愛のダンスを踊ったりしてメスにアピールします。

体長：約80cm

※オスのほうがメスより大きい

子ども時代はメスで 成長するとオスになる

　このハーレム内では、1度に1匹のメスをターゲットにして求愛し産卵させ、精子をかけて受精を行ないます。メスが産卵すると、オスはすぐに次のメスを求めます。

　さて、魚の世界では成長の過程で性別が変わる種類もあり、このコブダイもそのひとつ。

　コブダイは子どものころは全員メスで、大きく育つことができ、50cmぐらいになった個体はすべてオスに性転換するという特徴があります。最初は卵巣をもっているのに、成長するとそれが精子を作る精巣になるというから驚きです。

 使える 小ネタ コブダイはベラの仲間では最大級で、大型のオスは1mほどになるものも。

タコ

Octopus

8本ある腕のうち1本の先のほうに吸盤がないとオス

　海の生き物の受精は、メスが産んだ卵に精子をかけるスタイルが多いのですが、タコは一風変わっています。タコのオスは、精子の入ったカプセル状のものをメスに渡すことで受精が成立します。

　タコの腕（足と呼ばれがちですが、正式には腕）はオスもメスも8本ですが、オスの腕のうち1本は生殖に利用するためのもので、先のほうに吸盤がありません。

　それから、吸盤が小さく、同じ大きさのものが2列並んでいるとメス、吸盤の大きさがバラバラで雑然と並んでいるのがオスという違いもあります。

 使える小ネタ　オスの精子カプセルは「精莢」と呼ばれ、先端が何かに当たるとはじけて中身が飛び出す設計です。

体長：約50〜60cm

（マダコ）

オスは命がけで交接し
メスは命がけで卵の世話

　カプセルを渡すだけといっても、この交接行動は比較的長い時間をかけて行なわれ、オスはこの後、死亡します。

　卵の受精に成功したメスは、岩棚の下などに卵を産みつけると、食べ物もとらず、その場から離れなくなります。卵は房状になっており、新鮮な水を送ったり、腕でやさしくなでたりして、注意深く見守ります。

　メスは卵が孵化するタイミングで息絶えてしまい、子どものタコはオスにもメスにも育ててもらえませんが、卵の中にたくわえられた栄養を吸収して成長します。

使える小ネタ タコと同じ頭足類であるイカのなかには、精莢が1m以上になる種類や、精莢がコイル状の種類などもいます。

ズワイガニ

Snow crab

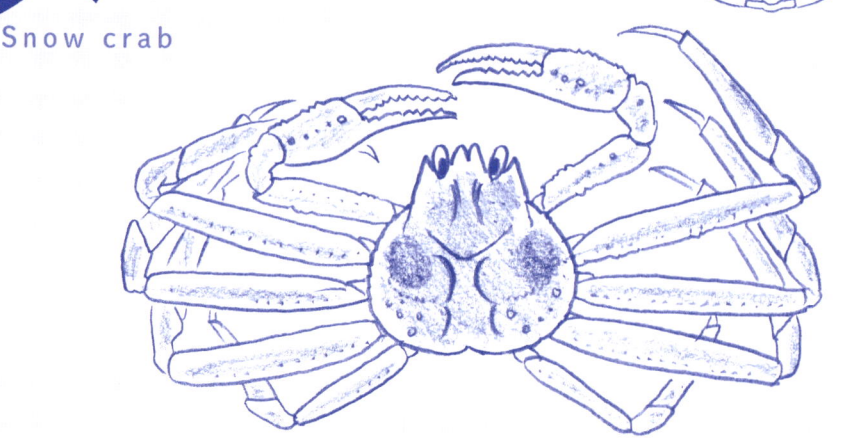

メスの脱皮が終わっても
脱皮・成長を続けるオス

　ズワイガニは高級食材として知られ、地域ごとに、オスは「エチゼンガニ」（若狭地方）や「マツバガニ」（山陰地方）、メスは「コウバコガニ」や「セイコガニ」（北陸地方）など、さまざまな愛称やブランド名があります。味は、「オスのほうが味が濃い」、「卵をもったメスのほうがうまい」などといわれますが、好みの問題でしょう。

　10齢（9回脱皮）まではオスもメスも同じスピードで成長し、11齢（10回脱皮）で成熟します。この時点でメスの脱皮は終了となりますが、オスはこの後も2度ほど脱皮し成長します。

使える小ネタ 甲羅の大きさは、オスとメスとで2倍程度の差が出ることも。

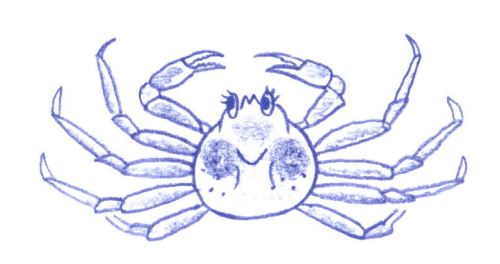

腹部のふんどしは
三角形？ 半円形？

　メスは最終脱皮後に交尾・産卵をすると成長が止まるため、オスとメスとで体の大きさに差が出るのです。メスは交尾後、体内に卵を抱え、約 1 年後に子どもとして外に産み出します。

　体の大きさ以外のオスとメスの見分け方としては、腹部を見比べる方法があります。腹部は「ふんどし」と呼ばれ、オスは三角形、メスは丸みを帯びた半円形をしています。

　また、自然界では、成熟後はオスとメスとで、すみかとする場所が変わってきます。水深 260 ～ 300m ぐらいを境として、メスは浅いほう、オスは深いほうに住むのです。

使える小ネタ　オスもメスも横向きのカニ歩きではなく、前向きに歩きます！

カキ（マガキ）

Oyster（Pacific oyster）

昔はオスしかいないと思われていた？

　"海のミルク"とも称されるほどの栄養分とうまみをたっぷりたくわえたカキ。漢字で書くと「牡蠣」となり、「牡」という字が入っています。「カキにはオスしかいない」という過去の迷信によるものなのでしょう。たしかに、カキのオスとメスの見分けは難しく、解剖して内部を顕微鏡で見るまではわかりません。精巣があればオス、卵巣があればメスです。

　ところが、カキのなかには性転換をする種もいます。日本の学者がマガキを飼育中、オスとメスの比率が飼育前と変化することを発見し、マガキも性転換することがわかりました。

 使える小ネタ　繁殖期が終わると、マガキはオスでもメスでもない「中性」になるといわれています。

食べ物が豊富だとメス
不足するとオスに変化

　マガキの性転換は、前年に食べたものに左右されるという説があります。前の年に豊富な食べ物を得られた個体は生殖細胞が卵子に変化してメスとなり、十分な食べ物を得られなかった個体がオスになるといわれています。

　ちなみにマガキは冬の味覚ですが、夏が美味のイワガキも性転換する可能性が高いという説があります。

　カキの繁殖は卵生で、8月ごろにメスが産卵し、オスが放精して受精が成立します。赤ちゃんカキは生まれてから17日ぐらい海を漂って過ごしていると殻ができ、一定の場所に固着します。

使える小ネタ 年齢が高い個体はメスになりやすいという説があります。

クマノミ

Clark's anemone fish

一番大きなオスが
メスに性転換!?

　イソギンチャクと共生するクマノミ。卵から孵化してから数週間浮遊したのちに、イソギンチャクに定着して暮らします。

　同じイソギンチャクに住むクマノミの間には社会的序列があり、もっとも体が大きいメスが1位、オスか若い個体が2位になり、このペアで繁殖します。3位以下は繁殖に参加できませんが、1位のメスがいなくなったら大チャンス。2位のオスはメスに性転換して1位となり、3位以下で最大の個体がオスとなって1位メスとペアになります。

　体の大きな個体が卵を産むのに有利なため、このようなややこしいメカニズムなのかもしれません。

 使える小ネタ 同じイソギンチャクに暮らすクマノミのなかで、一番大きいのがメスです。

体長：約10cm

※メスのほうがオスよりも大きい

黄色い尾ビレがオス
メスは白っぽい

クマノミは一夫一妻制。ペアは6〜10月に、5〜7回産卵をします。ペアは住まいであるイソギンチャク付近で産卵場所を探し、メスが卵を産みます。その後の卵の世話はオスのほうが熱心に行ないます。新鮮な水を送るなどして、卵を清潔に保ちます。卵は10日前後で孵化します。メスは卵を守るために、侵入者を追い払うぐらいしか育児に参加しません。

クマノミは生息地域により色彩などに差があるため、オスとメスの見分けはやや難題です。ただし、オスは尾ビレが黄色で、メスは白っぽい傾向があります。

使える小ネタ 繁殖に参加できない3位以下の個体は、オスやメスの性別が存在しないといわれています。

95

こん　　ちゅう　　　　せっ　　そく　　　どう　　ぶつ
昆虫・節足動物

カブトムシ

Japanese rhinoceros beetle

ツルピカ

オスにはツノ
メスには毛！

　カブトムシといえば子どもたち憧れの昆虫。日本の昆虫のなかでは最大級の大きさで、立派なツノがトレードマークとなっています。でも、長いツノをもつのはオスだけなんですよ。長いほうのツノは頭部、短いツノは胸部に生えています。

　メスにはツノがありませんが、頭部に細かなトゲがあり、全身に細かい毛が生えています。また、足のトゲもオスより多めなので、土にもぐりやすい形となっています。

　オスのツノは、オス同士で大きさ比べをして勝負をつけたり、実際に戦うための武器として役立ちます。

使える小ネタ　幼虫は、お腹の模様で性別を見分けられることがあります。お腹にV字マークがあるとオス！

体長：オス 30 〜 54mm
　　　　メス 30 〜 52mm
（ツノを除く）

メスは毛！って…失礼ネェ…

立派なツノの
メリット・デメリット

　オスのツノは、長いほうのツノを相手の体の下に差し入れて、投げ飛ばすなどの役割があります。こう言うと、ツノが長く立派なオスのほうが力比べや戦いにおいては有利そうに思えますが、その代わりに敵から見つかりやすいなどのデメリットも、もちろんあります。

　メスをめぐる争いに勝ったオスは交尾を行ない、メスは腐葉土などの中に卵を産みます。幼虫は２度脱皮し、３齢幼虫となり、土の中で冬を越します。６月ごろにさなぎとなり、そのおよそ３週間後に羽化して、大人と同じ形の成虫になります。

使える小ネタ 2018 年に小学生が、体の左半分はオス、右半分はメスの珍しいカブトムシを発見しました。

クワガタムシ

Stag beetle
(Sawtooth stag beetle)

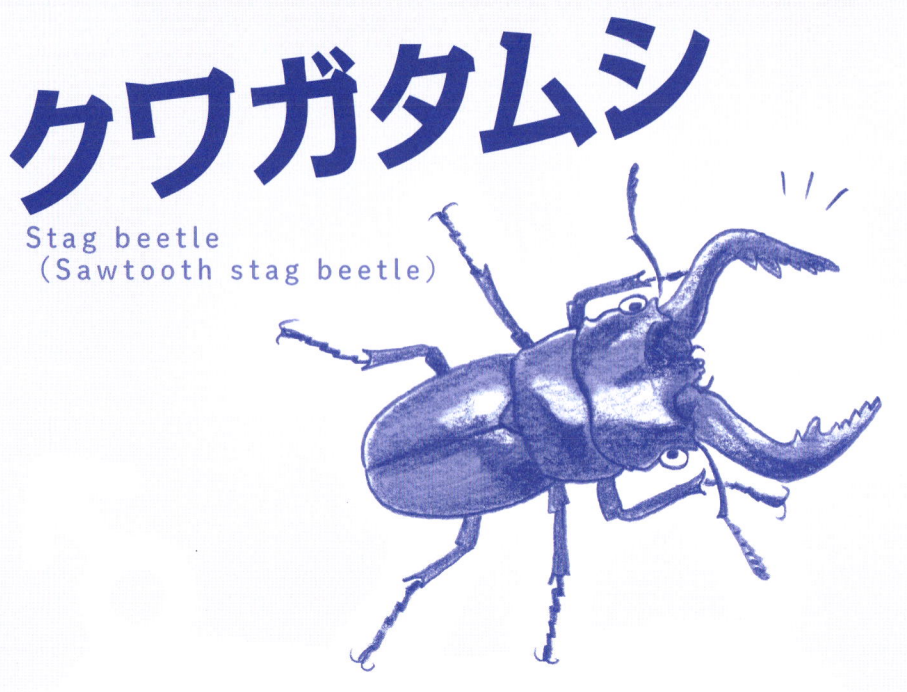

大アゴのオス
小アゴのメス

　ほとんどの種において、オスのほうが体が大きめで、オスの頭部には大きなハサミ状のアゴが生えます。オオクワガタは突起がひとつついた太いアゴ、ノコギリクワガタはギザギザつきのアゴなど、オスのアゴはなかなか立派。ただし、オスのなかでも個体差があります。

　メスにも小さめのアゴがあります。産卵のとき、枯れ木に穴を開けてもぐり込んだりするのに役立つのです。

　ちなみに、メスのほうが目立つ種もあり、キンイロクワガタの仲間は、メスのほうがカラフルな体色が出やすいといわれています。

 使える小ネタ　交尾を終えるとすぐに死んでしまうオスに比べて、メスのほうが長生きする傾向があります。

幼虫のときの
見分け方って？

　オスの大アゴは、えさ場やメスをめぐる争いのときに使います。最初はアゴを広げて自分を大きく見せる威嚇からはじまります。どちらかが逃げ出したら決着ですが、そうでない場合はアゴで挟んだり、持ち上げて投げ飛ばしたりします。

　オスとメスが交尾をすると、メスは腐葉土や枯れ木などに穴を開けて産卵します。幼虫は孵化すると2回脱皮し、さなぎを経て羽化して成虫となります。

　幼虫のとき、背中側を見て黄色いものが透けて見えたら、それはきっとメス。卵を作る卵巣が透けて見えているのです。

 メスのアゴは小さめですが、挟まれると意外と痛い。もしかしたらオスよりも痛いかも。

オンブバッタ

Piggyback grasshopper

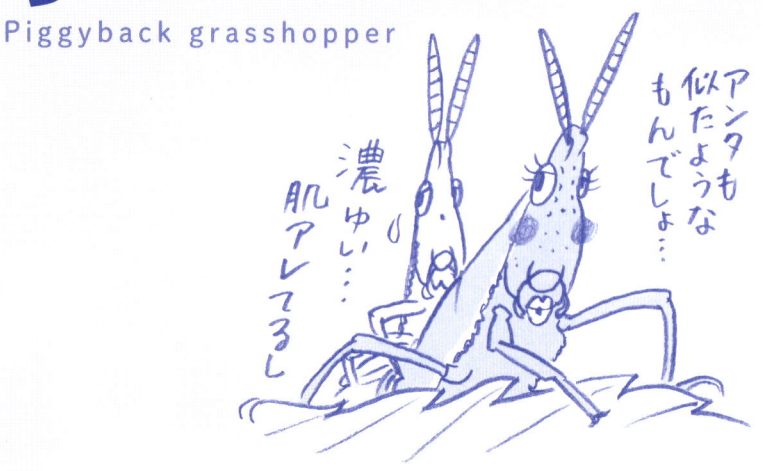

メスのほうが濃い褐色が出やすい

　草むらや畑などで、大きなバッタの上に小さなバッタが乗っているのを見たことがありませんか？　それがオンブバッタです。

　オンブバッタというと、きれいな緑色をイメージするかもしれませんが、枯葉のような褐色のものや、ところどころ赤やピンクなどの色味を帯びたもの、緑色と褐色が入り混じるタイプなど、さまざまな色の個体がいます。メスのほうが褐色がかる傾向があるようです。

　ちなみに、つかまえると口から醤油色の液体を出しますが、威嚇行動のひとつといわれています。

 使える小ネタ　オンブバッタと似たバッタにショウリョウバッタがいます。メス同士だと見分けがつきにくいのですが、顔にギザギザ（イボのような突起）があるのがオンブバッタです。

体長：オス 20 〜 25mm
メス 40 〜 42mm

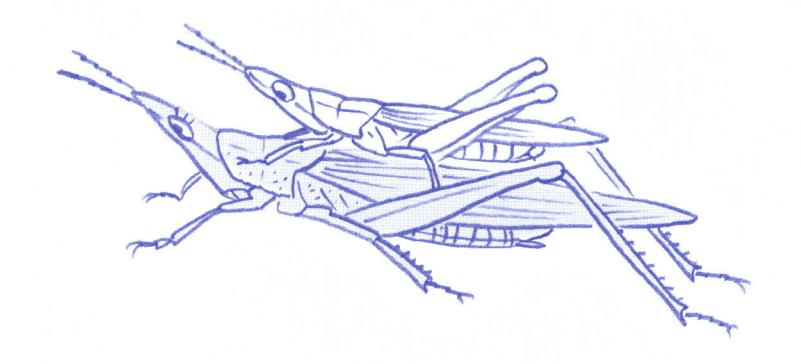

大きなメスに
小さなオスが乗る

　さて、オンブバッタは、大きなバッタの上にその半分ほどの小さなバッタが乗っていますが、親子ではありません。なんとメスの上にオスが乗っているのです。

　オスがメスの上に乗るのは交尾が目的ですが、交尾に時間がかかり、交尾が終わってからもしばらくオスがメスの上に乗っていることから、オンブバッタという名前がつきました。

　すでにオスとメスでおんぶ状態になっているところに別のオスがやってきて、メスを奪って自分が乗ってしまおうとするシーンが見られることもあります。

使える
小ネタ
体色は環境により変わりますが、特に幼虫のころに高温で育つと褐色になりやすいといわれています。

クロアゲハ

Spangle

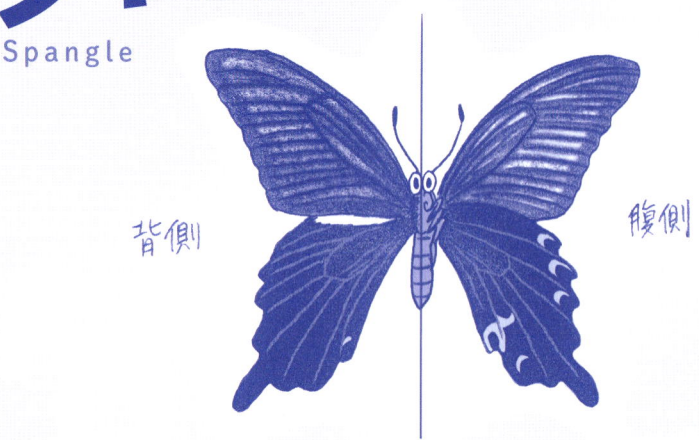

背側　　　　　腹側

翅の白線と赤い斑点を比べよう

　チョウを含め、多くの昆虫には4枚の翅があり、頭側の左右一対を前翅、お尻側を後翅と呼びます。

　クロアゲハはその名の通りに、翅が黒いチョウですが、よく見ると真っ黒ではなく、スジ模様や赤い斑点などがあります。オスとメスとで大きさはほとんど変わりませんが、翅の模様を見比べるとおもしろいことがわかります。

　オスは、前翅と重なるあたりの後翅（背側）に黄味がかった白い横線模様が入ります。これに比べてメスは、後翅のふちあたりにある赤い斑点がオスよりも目立ちます。

 使える小ネタ　交尾のとき、ほとんどの場合、メスのほうが上にいることが多いといわれています。

背側　腹側

スジ模様がくっきり
見えるとメス

　また、オスよりもメスのほうが全体的に黒色が淡く、翅に入ったスジ模様がくっきり見える傾向があります。ただし、個体差が大きいうえ、生まれた季節や地域で翅の色が変わるため、見分けは難しめ。

　交尾は、オスとメスとが互いの交尾器をくっつけて行ないます。

　幼虫の時点で性別を見分けることはできません。ただ、アゲハチョウの仲間の幼虫は、オスもメスもとても臭いツノがあること、日本で見られる幼虫のほとんどはミカン科の葉しか食べないことなど、ユニークな特徴があるので、観察に最適です。

使える小ネタ　アゲハチョウ類のなかには、交尾が終わるとオスがメスの交尾器をふさぐために「栓」をする種類がいます。

コオロギ

Cricket

鳴くのはオスだけ
声は 3 種類

　コオロギの鳴き声は秋の風物詩。美しい音ですが、縄張りをアピールするための「一人鳴き（本鳴き）」と、メスを交尾に誘う「誘い鳴き」、オス同士が出会ったときの「争い鳴き」の、主に3種類の鳴き方があるって知っていましたか？

　鳴くのはオスだけで、メスは鳴きません。鳴き声といっても口からの発声ではなく、じつは、翅をこすり合わせることで出る共鳴音です。体の作り上、鳴き声が出せない種のオスは、体を震わせて枝や葉を振動させるなどしてメスにアピールします。

 使える小ネタ　お尻のトゲのようなものを数えてみましょう。2本だとオス、3本だとメス（産卵管もあるので）です。

体長：26〜40mm

（エンマコオロギ）

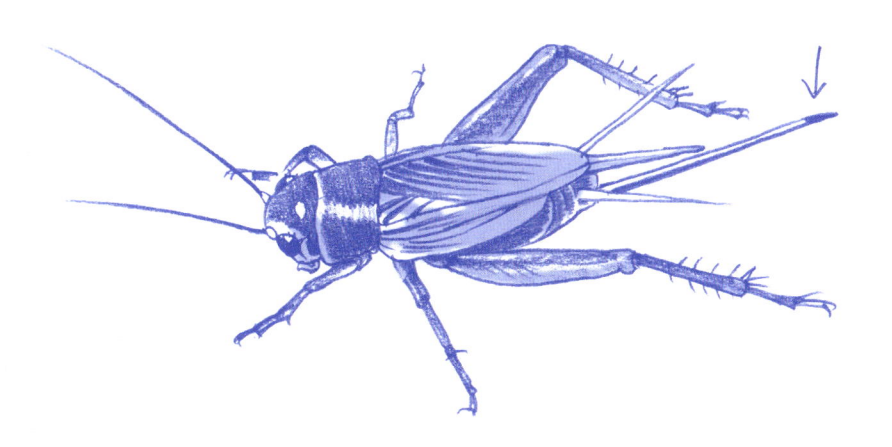

メスがオスに乗る
逆転スタイルの交尾

　体の作りと交尾の様子を見ていきましょう。

　メスは、お尻部分に「産卵管」と呼ばれる、細い針のような管があります。

　メスの長い産卵管のため、ほかの昆虫とは違い、コオロギの交尾は、オスにメスが乗るスタイル。オスの翅のつけ根あたりからメスを誘惑する物質が出ており、それに誘われたメスがオスに乗った瞬間に交尾をします。オスは精子の詰まった袋をメスの腹に渡せば完了です。メスは産卵管を湿った土に差し込み、その中に卵を産みつけます。

使える小ネタ　翅を比べると、メスよりオスのほうが大きく、模様も目立ちます。

ゲンジボタル

Japanese firefly

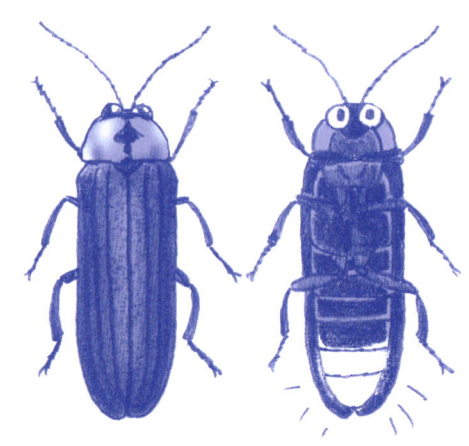

メスは体が大きく
ちょっとだけ長生き

　日本で見られるホタルといえばゲンジボタルとヘイケボタルがおり、体の大きなゲンジボタルのほうが明るい光を放ちます。

　お尻が点滅するのは異性へのアピールのため。種類や性別、さらに、どんなタイプの異性に出会ったかなど、状況により光り方が変わるという興味深い特徴があります。

　ホタルは大人になると水分以外に食べ物を取らず、幼虫時代にたくわえた栄養だけで生きなければなりません。そのためホタルは短命で、交尾を終えるとオスは数日後には死に、メスも産卵後に絶命します。メスは卵を産むために体が大きいので、オスよりも長生きします。

使える小ネタ　夜に見かける、飛びながら光っているのはたいていゲンジホタルのオス。メスは草陰で弱い光を出していることが多い。

体長：15〜18mm

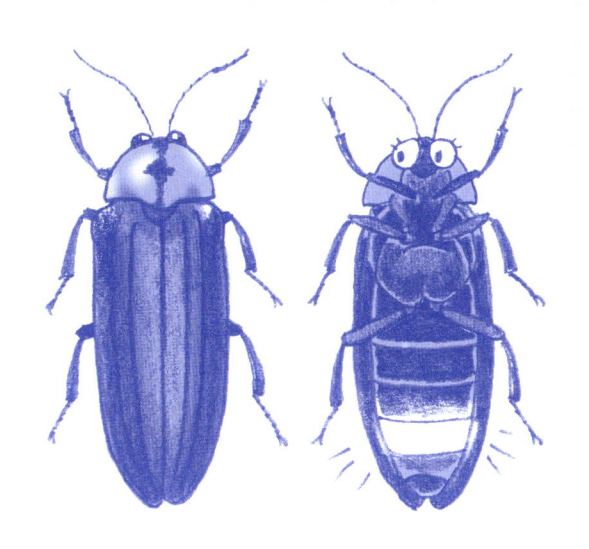

点滅は婚活サイン
地域差や性別差も!?

　ホタルの発光は、お尻あたりにある発光器の働きによります。その中にルシフェリンという発光物質と、それを助けるルシフェラーゼという酵素が反応することで光が出るのです。発光器は乳白色をしています。ゲンジボタルの発光器は、オスは第5腹節と第6腹節目に、メスは第5腹節目だけにあります。

　光は、求愛、敵を驚かす、自分のいる場所を知らせるなど、目的ごとに点滅パターンがあると考えられています。また、地域差もあり、東日本と西日本で光の点滅パターンも変わるなどの報告があります。

使える小ネタ　ゲンジボタルは卵や幼虫のときも発光します。

カマキリ

Praying mantis

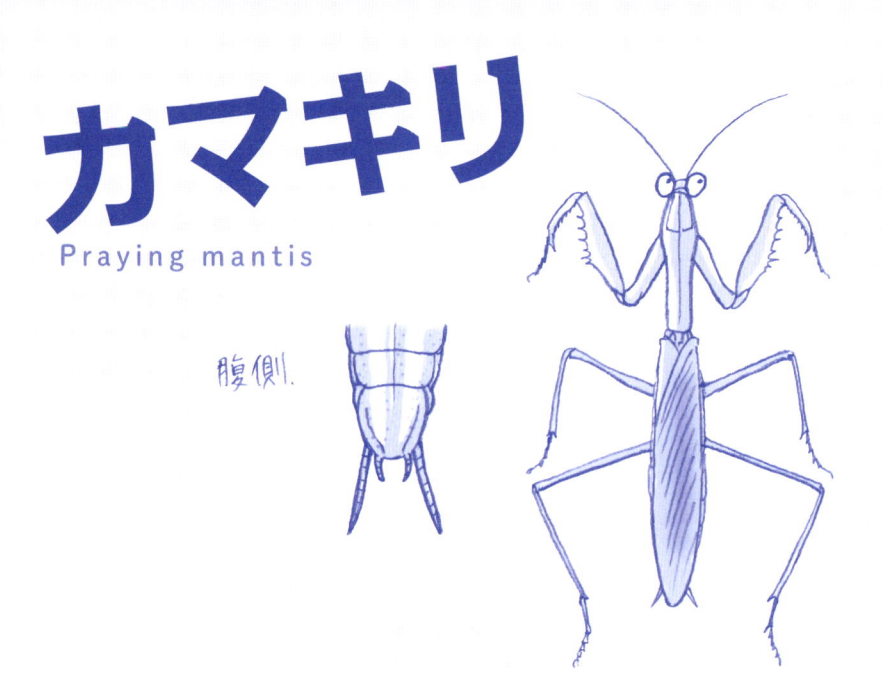

腹側.

交尾中にオスが食べられるのは俗信!?

　カマキリといえば、交尾中や交尾後にメスがオスを食べるという話があります。オスは交尾をして自分の子孫を残しつつ、メスに栄養が与えられ、たくさんの卵が産める……などという説がありますが、真相はまだわかりません。

　共食いするといっても、すべてのオスが食べられてしまうわけではないようです。生き残ったオスは新しいメスを見つけられれば、さらに多くの子孫を残すことができます。また、日本に住むカマキリの仲間は、メスが進んでオスを食べることはあまりないといわれています。ただし、交尾しながら体を食べられるオスカマキリの目撃証言は少なくありません。

使える小ネタ カマキリの交尾は長く、数時間続くこともあります。

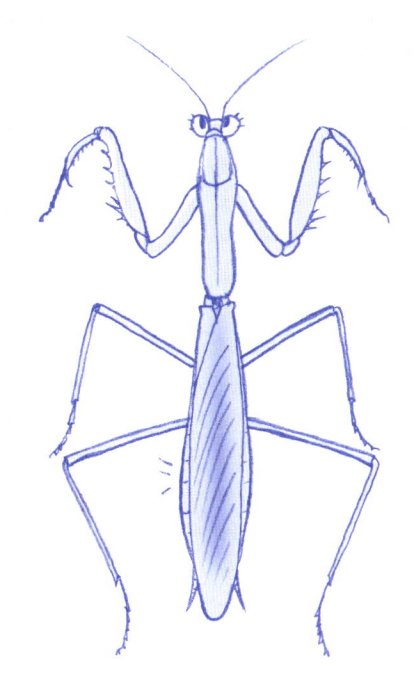

体長：オス 68 〜 92mm
　　　メス 77 〜 95mm
（オオカマキリ）

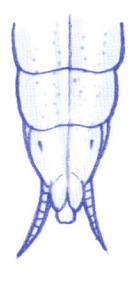

腹側

メスは大人になった時点で
すでに卵を抱えている

　交尾のスタイル以外に、オスとメスを見分ける方法があります。まず、お腹の膨らみ具合を比較しましょう。メスは大人になった時点で卵を抱えているため、お腹が大きければメス、という判別方法があります。ただし、個体差もあるので、次の方法も一緒に試してください。

　お尻部分を見て、細長い管があれば、それはメスの産卵管です。ただし、コオロギやバッタなどよりも短く、あまり目立ちません。また、交尾器はオスもメスも複雑な構造で、左右非対称の種もあるそうです。

 使える小ネタ　オスは交尾中にメスに頭を食われても、交尾はそのまま続くとか……。

アキアカネ

Autumn darter

秋の赤トンボは だいたいオス

秋の風物詩・赤トンボ。赤トンボとはアカネ属のトンボの総称です。鮮やかな赤トンボはだいたいオスです。もちろん例外や地域差はあり、メスも赤みを帯びる種もあります。交接（交尾）のためにペアでいるときなら、性別の見分けは容易でしょっ。

アキアカネやコノシメトンボなどは、成熟したオスとメスの差がはっきり出ます。アキアカネもコノシメトンボも、オスは成熟すると腹部が赤くなりますが、メスは黄色っぽい色です。ノシメトンボもいわゆる赤トンボと呼ばれるポピュラーな種ですが、メスは成熟しても黒っぽい赤色になる程度です。

 使える小ネタ 産卵はメス1匹で行なう場合と、オスとメスが連結して産卵する場合があります（連結打空産卵）。

体長：オス 32 〜 46mm
　　　メス 33 〜 45mm

腹部の構造が
オスとメスで違う

　トンボの体は頭、胸、腹の３つのパーツから構成されます。腹には10の節があり、アカネ属のトンボのオスには第２番目（胸に近い側）の節に副性器と呼ばれる器官があります。この器官で、メスと連結して交尾を行ないます。メスがオスを受け入れる連結部分は第８番目（尾に近い側）で、生殖弁という器官があります。これを結合させて交尾します。その隣の第９節に産卵管があります。

　交尾後、メスは水中に卵を産みます。アキアカネは、泥の中や水に腹部をたたきつけるようにして卵を産み込みます（打水産卵・打泥産卵）。

使える
小ネタ
トンボの幼虫はヤゴ。ヤゴのときの性別見分けは困難ですが、孵化するとそれぞれの特徴がはっきりしてきます。

ダンゴムシ

Pill bugs

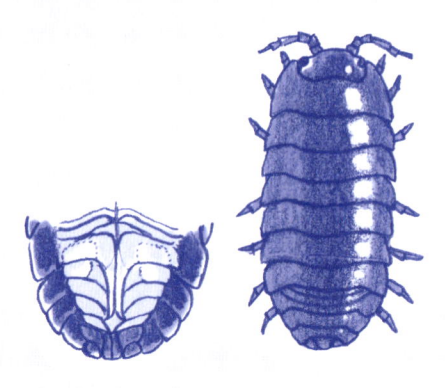

色と模様
で見分ける

　触られると丸くなる習性がおもしろく、歩く姿もユーモラス。子どもに人気のダンゴムシは、じつは昆虫ではありません。エビやカニと同じ甲殻類であり、丸くならないワラジムシ、海辺にいるフナムシ、海底に住むオオグソクムシも仲間です。

　ダンゴムシは小さな生き物で、動きも素早いため、なかなかじっくり観察しにくいですが、頑張って性別を見分けてみましょう。

　まず大きさを比べると、オスのほうが大きくなります。背側の見た目は、オスに比べメスは全体的に色が薄めで、黄色っぽい斑紋があります。ただし個体差もあります。

 使える小ネタ 繁殖のためのフェロモン以外に、オスもメスも集合フェロモンを出していて、それによって群れができるとか。

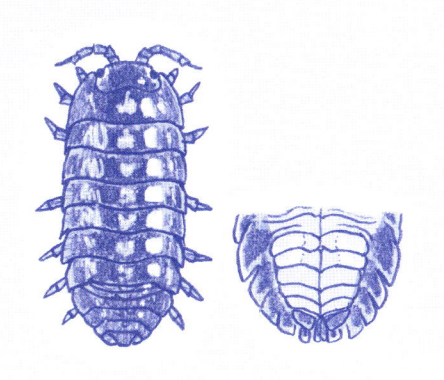

オスには1対の
生殖脚がついている

　確実なのは腹面の観察です。オスは腹部の下のほうに1対の長い針のようなものがあります。これは、交尾に使う生殖脚（または交尾器）です。ダンゴムシの仲間のワラジムシなどもこの方法でオスとメスを見分けることができます。

　繁殖期を迎えると、オスがメスを追いかけたり、上に乗ろうとしたりします。繁殖期のメスは特殊なフェロモンを出しており、オスがそれに反応するかたちが基本です。交尾が成功すると、メスは自分のお腹の育児嚢に産卵し、子どもはそこで孵化して出てきます。

使える 小ネタ ボルバキアという細菌に感染すると、オスがメス化するダンゴムシがいるといわれています。

ノミ

flea

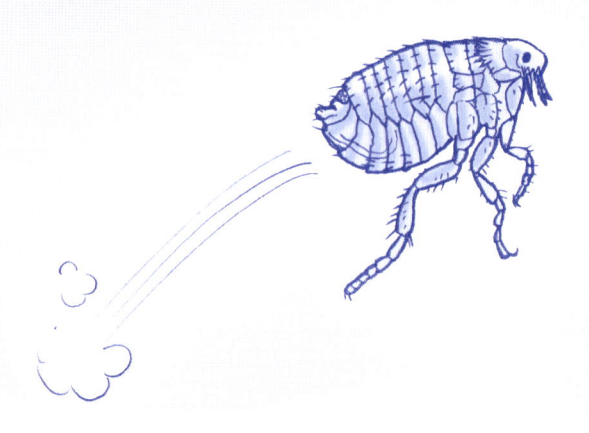

驚異のジャンプ力で身長の100倍飛ぶ

　ノミは哺乳類の体毛などに寄生する昆虫です。世界中にさまざまな種が生息しており、昔は人間につくヒトノミがいましたが、衛生状態がよくなり、現在の日本にはほとんどいません。一方、ネコにつくネコノミは、春になると活動しはじめ、ネコだけでなくイヌや人間も吸血します。

　ノミは、目標とした動物が出す二酸化炭素を敏感に察知し、驚異のジャンプ力で寄生し、血を吸います。そのジャンプ力は、自分の体長の約60倍もの距離、高さは約100倍まで飛べるといわれています。

 使える小ネタ　蚊はメスだけが吸血しますが、ノミはオスもメスも血を吸います。

体長：オス約 1.5 〜 2.5mm
メス約 3 〜 4mm

（ネコノミ）

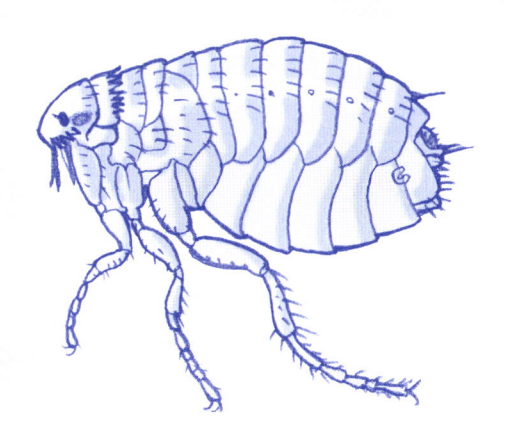

卵をたくさん産むため
メスのほうが大きい

　大人のメスは動物に寄生すると 8 分以内に吸血をはじめ、オスと交尾をして 36 〜 48 時間以内に産卵をします。メスは 1 日平均 20 〜 50 個もの卵を産むため、メスのほうが体が大きいという特徴があります。そのため、日本には「ノミの夫婦」という言葉があり、妻のほうが背が高い夫婦のたとえとなっています。とはいえ、メスがオスより大きい昆虫は、ノミ以外にもたくさんいます。

　頭部には触角があり、オスのほうが大きくなります。交尾のときは上方に突き出し、体を支えるのです。

使える小ネタ　ノミを見つけてすぐにつぶすと、卵を抱えたメスの場合は卵が飛び散る結果に……。専用の駆除剤を使いましょう！

変な交尾・求愛で

チョウチンアンコウ

Atlantic footballfish

体長：オス 4cm
　　　メス 60cm

メスと同化して消える

　チョウチンアンコウは深海魚。暗い海の底で暮らし繁殖するために、独自の進化を遂げました。チョウチンの正体は、アンテナ状の出っぱり。ここに発光する細菌が住んでいて、チョウチンアンコウは光に誘われた生き物を食べ物として捕らえます。チョウチンはメスにしかありません。

　オスの大きさはメスの10分の1程度。深海ではオスとメスが出会う機会が少ないため、オスはメスとペアになると、メスの体にかみついて離れなくなります。オスはメスと同化し、精子を作る精巣だけが残るものも。そのような種では、オスは精子放出後、メスに吸収され消失！

タツノオトシゴ

Seahorse

体長：10cm

オスが妊娠して出産

　タツノオトシゴは魚の仲間。なんと、オスが体内で受精して出産します。とはいえ卵を産むのはメス。メスはオスの体内の育児嚢に産卵し、受精させます。オスは稚魚を育ててから産み出します。

　オスは、メスに自分の育児能力をアピールして、卵を産みつけてもらわなければなりません。そのため、育児嚢に海水を入れて膨らませて、体をくねらせるという求愛行動を行ないます。

　ペアが成立すると、オスとメスが尾を絡み合わせて独特のダンスを踊ります。卵が孵化して、稚魚が成長するのにしたがい、オスのお腹はパンパンに育っていきます。

アデリーペンギン

Adelie penguin

全長：70cm

盗んだ石をプレゼント

　アデリーペンギンは南極で暮らすペンギン。短い夏の間に氷や雪が解けて現れた地表に巣を作り、2つの卵を産み、その夏のうちにヒナを巣立たせます。巣作りに使う素材は石。だから、ペアとなったオスとメスは石を探して、くちばしでくわえてきては、せっせと積み上げて巣を作ります。

　だから、ペンギンたちにとって石は重要アイテム。まだ相手のいないオスは、求愛の対象にしたメスに石をくわえてきて渡したり、ときには別のペアの巣から石を盗んできたりして、メスへのプレゼントに使ったりします。

アオアシカツオドリ

Blue-footed booby

ぜんちょう
全長：76〜84cm

青い足を見せつける

　鳥は、メスにアピールするためにオスが美しい羽色をしている種類が多いのですが、アオアシカツオドリは、羽は地味で足が派手という特徴があります。その名の通り、オスもメスも足が鮮やかな青色をしています。繁殖期になると、オスはメスに向かって足の青色を強調するように右足と左足を交互に上げてタップダンスを踊るようなしぐさを見せます。

　青い色は、食べている魚に含まれる色素のためといわれており、足の鮮やかな青色は、たくさん食べて健康であることを伝えるメッセージになっている、などといわれています。

コウイカ

Cuttlefish

外套長：約17cm

メスがいる側だけ変色

　イカの皮膚には複数の色素が存在し、保護色になって身を守ったり威嚇したりするために色素を操り、皮膚がさまざまな色に変化します。

　特にコウイカの仲間は体色が変幻自在。オスがメスにアプローチするときなどは興奮状態となり、非常に鮮やかな色を示します。あるネット動画ではコウイカのオスが、体色をメスがいる側だけ半分変えてアピールする様子が確認されました。

　コウイカは無脊椎動物のなかでも、全身に占める脳のサイズがもっとも大きいという説があります。そのため、こんな器用なことができるのかもしれません。

参考文献

【生き物全般】

- デイヴィッド・バーニー（編）日髙敏隆（日本語版監修）『世界動物大図鑑』ネコパブリッシング、2004 年
- 日髙敏隆（編）『日本動物大百科』1 ～ 10 巻、平凡社
- 藤原幸一『ガラパゴス博物学 孤島に生まれた進化の楽園』データハウス、2001 年
- 中田啓子『すみだ水族館公認ガイドブック』文踊社、2014 年
- 今泉忠明（監修）『「もしも？」の図鑑 珍獣大決戦』実業之日本社、2014 年

【オスとメスの話】

- 今泉忠明（監修）『オスメスずかん どっちがオス？どっちがメス？』学習研究社、2010 年
- 稲垣栄洋『オスとメスはどちらが得か？』祥伝社新書、2016 年
- 今泉忠明『動物たちの「愛」求愛・出産・子育て』化学工業日報社、1992 年
- 今泉忠明（監修）『恋するいきもの図鑑』カンゼン、2018 年
- 浅利昌男（監修）『どうぶつのおちんちん学』緑書房、2018 年

【哺乳類】

- パウル・ライハウゼン（著）今泉みね子（訳）『ネコの行動学』丸善出版、2017 年
- 斉藤勝司（著）小方宗次（監修）『イヌとネコの体の不思議』誠文堂新光社、2013 年
- クレア・ベサント（著）三木直子（訳）『ネコ学入門』築地書館、2014 年
- 富田園子『ねこ色、ねこ模様。』ナツメ社、2016 年
- 今泉忠明（監修）『なぜ？の図鑑 イヌ』学研プラス、2018 年
- くわしい犬学編集委員会（編）『ビジュアルマスター 最新くわしい犬学』誠文堂新光社、2011 年
- スティーブン・ブディアンスキー（著）渡植貞一郎（訳）『犬の科学』築地書館、2004 年

- 今泉忠明（監修）『ハム語辞典』学研プラス、2018 年
- 今泉忠明（監修）『ハムスターがおしえるハムの本音』朝日新聞出版、2018 年
- ハムスター好き編集部（編）『ハムスター暮らしの本』誠文堂新光社、2016 年
- 森田米雄『ハムスターのき・も・ち』どうぶつ出版、2006 年
- 今泉忠明（監修）『タヌキは本当に狸寝入りするか』雄鶏社、1993 年
- 盛口満『タヌキまるごと図鑑』大日本図書、1997 年
- 高槻成紀『タヌキ学入門』誠文堂新光社、2016 年
- 『週刊 日本の天然記念物 動物編　タヌキ』小学館、2002 年
- 池田菜津美『ゾウのひみつ』新日本出版社、2014 年
- クロード・デラフォッス（著）手塚千史（訳）『ぞうの本』岳陽舎、2003 年
- 辻大和・中川尚史（編）『日本のサル』東京大学出版会、2017 年
- 京都大学霊長類研究所（編）『世界で一番美しいサルの図鑑』エクスナレッジ、2017 年
- 小田英智『ニホンザル観察事典』偕成社、2005 年
- 竹田津実『エゾシカ　北国からの動物記』アリス館、2010 年
- 大泰司紀之・平田剛士『エゾシカは森の幸』北海道新聞社、2011 年
- 増田戻樹『シカのくらし　科学のアルバム』あかね書房、2005 年
- エレファントトーク（監修）『動物園「真」定番シリーズ キリン』CCRE、2008 年
- 池田菜津美『キリンのひみつ』新日本出版社、2014 年
- 内山晟『ゾウ キリン（いきものスーパー百科)』ひかりのくに、1996 年
- 伊藤年一『動物イラスト生態図鑑 2　ライオン』学研プラス、2007 年

【鳥類】

- 『世界の動物 原色細密生態図鑑 5　鳥 1』講談社、1982 年
- 霍野晋吉『カラーアトラスエキゾチックアニマル 鳥類編』緑書房、2014 年
- 川上和人『美しい鳥ヘンテコな鳥』笠倉出版社、2015 年
- 叶内拓哉『フィールド図鑑 日本の野鳥』文一総合出版、2017 年
- 叶内拓哉・安部直哉・上田秀雄『新版 日本の野鳥 山渓ハンディ図鑑』山と渓谷社、2013 年
- 島森尚子『小鳥図鑑』誠文堂新光社、2011 年
- 山岸哲（監修）『鳥の生態図鑑 改訂新版』学研教育出版、2011 年

- 目良淳（監修）『セキセイインコ』誠文堂新光社、2018 年
- 濱本麻衣（監修）『かわいいインコとの暮らし方』ナツメ社、2017 年
- 松本壯志（監修）『インコ』池田書店、2010 年
- 磯崎哲也『楽しく暮らせるかわいいインコの飼い方』ナツメ社、2009 年
- 磯崎哲也『ザ・インコ＆オウム』誠文堂新光社、2000 年
- 岡本新『ニワトリの動物学』東京大学出版会、2001 年
- 森誠『なぜニワトリは毎日卵を産むのか』こぶし書房、2015 年
- アンドリュー・ロウラー（著）熊井ひろ美（訳）『ニワトリ 人類を変えた大いなる鳥』インターシフト、2016 年
- 長谷川眞理子『クジャクの雄はなぜ美しい？』紀伊國屋書店、2005 年
- 渡辺佑基（監修）『それでもがんばる！どんまいなペンギン図鑑』宝島社、2018 年
- デイビッド・サロモン（著）出原速夫・菱沼裕子（訳）『ペンギン・ペディア』河出書房新社、2013 年
- 上田一生（監修）『世界一おもしろいペンギンのひみつ』サンマーク出版、2018 年
- 上木泰男『雪国のタマシギ』岩崎書店、1986 年
- 中林光生『街なかのタマシギ』渓水社、2018 年
- 伊藤美代子（監修）『幸せな文鳥の育て方』大泉書店、2015 年
- 浜本麻衣（監修）『楽しい文鳥生活のはじめ方』ナツメ社、2015 年
- 汐崎隼（監修）『もっと知りたい 文鳥のこと。』メイツ出版、2015 年
- 先崎理之・梅垣佑介・小田谷嘉弥・先崎啓究・高木慎介・西沢文吾・原星一『日本の渡り鳥観察ガイド』文一総合出版、2019 年
- 氏原巨雄・氏原道昭『決定版 日本のカモ識別図鑑』誠文堂新光社、2015 年
- 日本オーストリッチ協議会（編）『ダチョウ 導入と経営・飼い方・利用』農山漁村文化協会、2001 年
- 『BIRDER 2018 年 3 月号 生態図鑑 キジ科の鳥たち』文一総合出版、2018 年

【両生類・爬虫類】

- 海老沼剛『世界の両生類ビジュアル図鑑』誠文堂新光社、2013 年
- 川添宣広『日本の爬虫類・両生類 観察図鑑』誠文堂新光社、2014 年
- 今泉忠明（監修）『海外を侵略する 日本＆世界の生き物』技術評論社、2017 年
- 松橋利光『カエルの知られざる生態』誠文堂新光社、2010 年
- 水谷継『カエル飼育ノート』誠文堂新光社、2013 年

- 松井正文『日本のカエル 分類と生活史』誠文堂新光社、2016 年
- 海老沼剛『水棲ガメ（爬虫・両生類パーフェクトガイド）』、2011 年
- 大谷勉『カメ飼育ノート』誠文堂新光社、2013 年
- 菅野宏文『ミドリガメ、ゼニガメの医・食・住』どうぶつ出版、2008 年
- 松橋利光『山渓ハンディ図鑑 日本のカメ・トカゲ・ヘビ』山と渓谷社、2007 年
- 松井正文（監訳）『サンショウウオ・イモリ・アシナシイモリのなかま』朝倉書店、2011 年

【魚類・海の生き物】

- 小林龍二『へんなおさかな 竹島水族館の「魚歴書」』あさ出版、2018 年
- 吉野雄輔『山渓ハンディ図鑑 改訂版 日本の海水魚』山と渓谷社、2018 年
- 川那部浩哉・水野信彦・細谷和海（編）『山渓カラー名鑑 改訂版 日本の淡水魚』山と渓谷社、2001 年
- 藍澤正宏・河端寛司・坂本一男・佐藤寅夫・鈴木寿之『新装版 詳細図鑑 さかなの見分け方』講談社、2002 年
- 安部奏『さかなのすごい話』宝島社、2014 年
- 三宅貞祥『原色日本大型甲殻類図鑑 II』保育社、1983 年
- 奥谷喬司・波部忠重『学研生物図鑑 特徴がすぐわかる 貝 II』学習研究社、1990 年
- カミラ・ド・ラ・ベドワイエール『へんな生きもの図鑑 深海』講談社、2017 年
- 石垣幸二（監修）『超キモイ！ ブキミ深海生物のひみつ 100』学研プラス、2017 年
- 永岡書店編集部（編）『釣った魚が必ずわかるカラー図鑑』永岡書店、1998 年
- 高岡昌江『もっと！ほんとのおおきさ水族館』学研マーケティング、2012 年
- 阿部秀樹『魚たちの繁殖ウォッチング』誠文堂新光社、2015 年
- 片根得光『日本のメダカを飼おう！』誠文堂新光社、2005 年
- 『メダカの教科書』笠倉出版社、2018 年
- 亀田養魚場（監修）『プロが教えるメダカの飼い方』メイツ出版、2015 年
- 岩崎登『グッピー・ブリーディングスタイル』エムピー・ジェー、2014 年
- 北川貴士『マグロはおもしろい』講談社文庫、2012 年
- 中野秀樹・岡雅一『マグロのふしぎがわかる本』築地書館、2010 年
- 葛西臨海水族園クロマグロ飼育チーム『びっくり！マグロ大百科』講談社、2016 年

- 田中彰（監修）『サメ大図鑑』PHP 研究所、2012 年
- 仲谷一宏『さめ先生が教えるサメのひみつ 10』ブックマン社、2016 年
- カミラ・ド・ラ・ベドワイエール『図説知っておきたい！スポット 50 サメ』六耀社、2016 年
- なかむらこうじ『コブダイ・弁慶の海』そうえん社、2007 年
- 奥谷喬司『泳ぐ貝、タコの愛』晶文社、1991 年
- 奥谷喬司『新編 世界イカ類図鑑』東海大学出版部、2015 年

【昆虫・節足動物】

- 鈴木欣司・鈴木悦子『昆虫好きの生態観察図鑑 1（チョウ・ガ）』緑書房、2012 年
- 丸山宗利『だから昆虫は面白い くらべて際立つ多様性』東京書籍、2016 年
- 松浦一郎『鳴く虫の博物誌』文一総合出版、1989 年
- 鈴木知之『小さな小さな虫図鑑 よくいる小さい虫はどんな虫？』偕成社、2017 年
- アンドリュー・ソールウェイ『ミクロの世界 体のまわりの生き物 2（体の表面）』文溪堂、2007 年
- 有吉立『きらいになれない害虫図鑑』幻冬舎、2018 年
- 吉田賢治『日本のクワガタムシ・カブトムシ観察図鑑』誠文堂新光社、2015 年
- 小林俊樹（監修）『カブトムシ＆クワガタムシ 飼い方のポイント』メイツ出版、2018 年
- 村井貴史・伊藤ふくお『バッタ・コオロギ・キリギリス生態図鑑』北海道大学出版会、2011 年
- 槐真史『バッタハンドブック』文一総合出版、2017 年
- 栗林慧『ホタル 光のひみつ』あかね書房、2005 年
- 大場信義『ホタルの不思議』どうぶつ社、2009 年
- 海野和男『世界のカマキリ観察図鑑』草思社、2015 年
- 筒井学『カマキリの生きかた』小学館、2013 年
- 井上清・谷幸三『赤トンボのすべて』トンボ出版、2010 年
- 松原巌樹『トンボ（図解観察シリーズ）』旺文社、1990 年
- 尾園暁『日本のトンボ（ネイチャーガイド）』文一総合出版、2012 年
- 奥山風太郎・みのじ『ダンゴムシの本』DU BOOKS、2013 年
- 今森光彦『やあ！出会えたね ダンゴムシ』アリス館、2002 年

お わ り に

世界にはオスとメスという二つの性があります。

オスとメスが協力することにより、

次世代の個体を生み出し、種として存続することができます。

（これ以外の性や生殖方法もあります！）

それぞれの役割に沿った生き方をし

お互いの違いを認め、他者と協力し合うことで

安定的に生殖ができ、遺伝的多様性を実現できるなんて

よくできたシステムだと思いませんか？

ペットや、動物園・水族館の動物を見るときなどに

こういう視点から観察してみると「みんな同じだね」と

さらに親近感がわいてくるかもしれません。

最後まで読んでくださってありがとうございました。

著者紹介

木村 悦子（きむら・えつこ）

▶出版社勤務後、フリーランスの編集者・ライターに転身。情報誌や実用書から、動物好きが高じて最近は動物をテーマとしたものが多め。本書は『北摂 功数医師に監修の似ている動物「見分け方」事典』に続く2作目

監修者紹介

今泉 忠明（いまいずみ・ただあき）

▶動物学者 東京水産大学（現・東京海洋大学）卒業 国立科学博物館で特別研究生として、哺乳類の生態調査に参加 その後、文部省（現・文部科学省）の国際生物学事業計画調査などに参加 伊豆高原ねこの博物館館長、日本動物科学研究所所長などを歴任 著書・監修多数

- ── 取材協力　戸舘 真人（蒲郡市 竹島水族館）
- ── カバーデザイン　松村 大輔　のどか制作室
- ── DTP・本文図版　清水 康広　WAVE
- ── 本文イラスト　浅野 文彦
- ── 校正　曽根 信寿

身近な生き物 オス・メス「見分け方」事典

2019年 6月 25日　初版発行

著者　　　　木村 悦子

発行者　　　内田 真介

発行・発売　ベレ出版
〒162-0832 東京都新宿区岩戸町12 レベッカビル
TEL.03-5225-4790 FAX.03-5225-4795
ホームページ http://www.beret.co.jp/

印刷　三松堂株式会社

製本　株式会社 根本製本

編集担当 永瀬敏章

ベレ出版の「生き物」の本

似ている動物「見分け方」事典

木村悦子 著／北澤功 監修
A5 並製／本体価格 1600 円（税別）　■ 148 頁
ISBN978-4-86064-500-7 C0045

タヌキとアライグマ、ムササビとモモンガ、ヤギとヒツジ、ダチョウとエミュー、イルカとサメ、ダンゴムシとワラジムシ……。これらの違い、わかりますか？「もちろん、わかる！」という方は多いと思いますが、では、どこがどのように違うか説明できますか？　本書は、哺乳類や鳥類、爬虫類、魚類、昆虫といった動物たちのなかから、見た目が似ているものを選び、それらの違いを、イラスト満載のチャートと、わかりやすい文章で解説します。動物の生態や進化がわかる、家族みんなで楽しめる一冊。

生物進化とはなにか？
進化が生んだイビツな僕ら

伊勢武史 著
四六並製／本体価格 1600 円（税別）　■ 232 頁
ISBN978-4-86064-493-2 C0045

生物進化は誤解の多い学問分野です。本書は、よくある誤解をとりあげて、生物進化とはどのようなものなのか、丁寧に解説します。人間も生物進化の産物です。生物である私たち人間も、生物進化と深く関わっているのです。本書の後半は、人間のこころについて、生物進化の視点で考えていきます。生物進化を考えることで、もしかしたら、日常の悩みを解決する糸口が見えてくるかもしれません?!　生物進化の基礎から、進化心理学といったこころに関することまで、現代人におくる生物進化の入門書！

「生物」のことが
一冊でまるごとわかる

大石正道 著
A5 並製／本体価格 1500 円（税別）　■ 256 頁
ISBN978-4-86064-546-5 C0045

学校で習う「生物」にはあまり興味を持てず、暗記科目と割り切って付き合ってきた人も少なくないと思います。しかし、じつは「生物」は、ひとたび試験のための暗記などから解放されると、わくわくするような興味深い話題に溢れた、純粋に面白いものなのです。そして何より、恐ろしいほどの可能性を秘めた分野といえます…。本書では、生命が誕生して人類が現れるところから始まり、細胞のしくみや遺伝子と DNA など、生物学の基礎をしっかり学ぶことができます。その上で、最新のトピックにも触れ、生物学の持つ可能性も感じることができます。